上海校园文化传承创新发展行动计划——中国风丛书出版项目资助

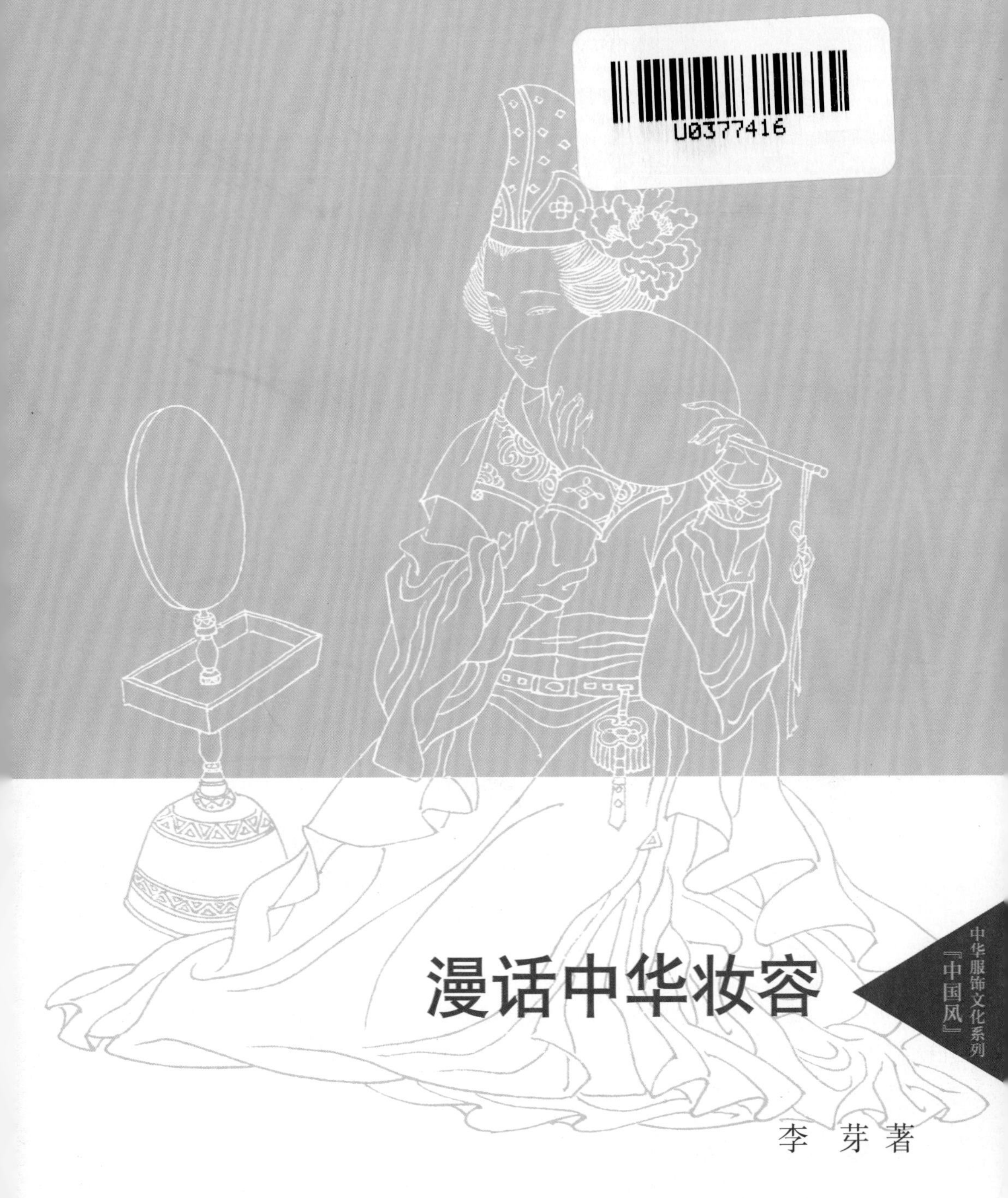

中华服饰文化系列『中国风』

漫话中华妆容

李　芽　著

東華大學出版社·上海

内容提要

本书从中国古代彩妆的敷粉、擦胭脂、描眉染黛、点唇、帖画面饰、染甲几大步骤分门别类地介绍了其发展历史、妆品种类和妆型样式；条理清晰地介绍了中国传统护肤与护发的基本步骤与方法；同时总结和归纳了中国古代妆容美学的基本特征，并将香身与缠足这两类特殊的妆容手法单列篇章进行解读。全书以言简意赅的方式，深入浅出地全面展示了中华传统妆容的整体面貌。

图书在版编目（CIP）数据

漫话中华妆容 / 李芽著．—上海：东华大学出版社，2014.10

ISBN 978-7-5669-0628-1

Ⅰ．①漫…　Ⅱ．①李…　Ⅲ．①化妆—历史—中国　Ⅳ．①TS974.1-092

中国版本图书馆CIP数据核字（2014）第229805号

中 国 风：中华服饰文化系列

责任编辑：马文娟

封面设计：戚亮轩

漫话中华妆容

李　芽　著

出　　版：东华大学出版社（上海市延安西路1882号，200051）

出版社网址：http://www.dhupress.net

天猫旗舰店：http://dhdx.tmall.com

营销中心：021-62193056　62373056　62379558

印　　刷：深圳彩之欣印刷有限公司

开　　本：710mm×1000mm　1/16　印张：8

字　　数：200千字

版　　次：2014年10月第1版

印　　次：2014年10月第1次印刷

书　　号：ISBN 978-7-5669-0628-1/TS·541

定　　价：36.00元

前言 PREFACE

在中华服饰文化的浩瀚海洋中，妆容文化是一个看似冷僻，但实际上却起着画龙点睛作用的门类，因为它直接涉及对人最尊贵的面孔，乃至整个肉身的修饰与美化。即使在整个服饰艺术的发展历史中，考古与人类学研究也已证明，化妆修饰要远远早于服装的出现。人类最初对神灵的信仰、对现实世界的征服、对爱的渴望、对美的追求无不通过妆饰这种手段巧妙而又明确地传达出来。

妆容看似简单，但实际上门类却很繁杂。尤其对于中国这个含蓄而又内敛的民族来说，自古便认为“人力虽巧，难拗天工”，因此在妆容修饰上也更加注重女子内在质的保养。李渔在他的《闲情偶寄》里把女子的天生白皙与后天修饰形象地比喻成染匠之受衣：“有以白衣使漂者，受之，易为力也；有白衣稍垢而使漂者，亦受之，虽难为力，其力犹可施也；若以既染深色之衣，使之剥去他色，漂而为白，则虽什佰其工价，必辞之不受。”白净的布料，容易上色；同样，有一个肌肤的好底子，再施以描画之工也就容易多了。那如何才能有一个肌肤的好底子呢？除了健康的生活方式外，当然也需要人为后天的保养。因此，在本书中，“中国古代的护肤与护发方法”这一章，便从各个角度对中国古人的肤发保养方法做了一个专篇论述。

有了一个好底子做基础，再加上适当的修饰，无疑能起到事半功倍的美容效果。正所谓“善毛嫱、西施之美，……用脂泽粉黛则倍其初。”因此，门类细致的彩妆手法便在中国古人的聪明才智中应运而生。本书从敷粉、擦胭脂、描眉染黛、点唇、贴画面饰到最后的染甲，都专设章节进行论述，不仅对其历史发展进行阐述，也提纲挈领地介绍了中国古代彩妆品的材质与制作。

当然，一切彩妆品最终都是为了塑造一个完美的妆型而服务的，对中国古代五花八门的妆型介绍也是本书的一个亮点。从这些妆型中，中国古人追逐美的勇气和智慧，对一成不变之生活的厌倦与扬弃，可谓展露无遗。同时，中国人也是一个细腻而又独特的民族，古人并不满足于单纯视觉的审美，他们还要追求一种"天香"，追求一种即使看不见、摸不到，也依旧可以沁人肺腑的体验，因而古人对香的追求不仅是一种感官享受，更是对高洁人格的期许。所以，"中国古代的香身方法"也成为中华妆饰文化中不可或缺的一环了。最后，传统文化中有精髓，也有糟粕，这是我们必须面对的。在妆饰文化中，缠足无疑是最受批判的。其作为一种妆饰手法虽然早已被历史抛弃，但了解它依旧有助于了解我们的文化，进而了解我们自己。我是谁？我从哪来？这两个哲学中最重要的命题，我认为它的答案只能从对传统文化的追寻中来体会和寻找。

服饰与人是零距离接触，我们研究一切物质，所发现的并不仅仅是物本身，而是人自己——这个创造了第二自然的人类自身。我想，这是我撰写这本书的终极意义。

李芽

2014.8

目录 CONTENTS

第一章

中国古代妆容概述

第一章
中国古代妆容概述

一谈到妆容，一般人头脑里总会感觉这是一个很前卫、很现代的话题。的确，翻开一本本精美的时尚杂志，里面那些脸部被涂抹得异彩纷呈，头发被做成造型各异的魅力女郎，确实让人觉得这个世界变化真快，人们的想象力怎会如此地丰富？似乎稍不留神，就会被时尚淘汰出局。

而在遥远的古代，“时尚”似乎是一个很疏离的词汇，在大多数人的观念中，那是一个宁静而又保守的年代，封建礼教下的女子应该是缺少求新求异的意识和勇气的。如果您真是这么想的，那便是因为您不了解历史，至少是不了解妆容史。实际上，世间万物大多“万变不离其宗”，人类追逐美的勇气和智慧，对一成不变的生活之厌倦，古今中外并无多大区别。且不说正史《五行志》中所记载的那种种奇装异服，虽怪诞非常，尚可引起诸人竞相仿效，乃至引发朝廷颁布禁令尚可制止。单单看民间杂记小说之记载，装束也是数岁即一变，不可尽述。

宋代周辉著《清波杂志》载：“辉自孩提见妇女装束，数岁即一变，况乎数十百年前样制，自应不同。”

宋代袁褧撰《枫窗小牍》亦载：“汴京闺阁妆抹凡数变：崇宁间，少尝记忆作大鬓方额；政宣之际，又尚急把垂肩；宣和已后，多梳云尖巧额，鬓撑金凤。小家至为剪纸衬发、膏沐芳香、花靴弓屣、穷极金翠，一袜一领费至千钱。”

原始社会五花八门的绘身、绘面暂且不论，自商周时代始，中国爱美的女性便开始了往脸上涂脂抹粉的历史，经过魏晋南北朝的大胆创新与发

图1-1 东晋顾恺之《女史箴图》中的贵族妇女梳妆场景，右前为铜镜，足下为打开的妆奁

展，至唐代达到鼎盛，宋代以后虽然由于理学的盛行，妆容不再像唐代那样异彩纷呈、浓妆艳抹，但爱美是女人的天性，妆容的发展依然似一股涓涓潜流向前奔涌，从未止息（图 1–1）。由此，几千年来，爱美的古人便创造了无数的美妙妆型。单从面妆上来看，见于史籍的记载便让人目不暇接。例如“妆成尽似含悲啼”的“时世妆”、贵妃醉酒般满面潮红的“酒晕妆”（图 1–2）、美人初醒慵懒倦怠的“慵来妆”、以五色云母为花钿贴满面颊的“碎妆”、以油膏薄拭目下如梨花带雨般的“啼妆”，另外还有“佛妆”“墨妆”“红妆”“芙蓉妆”“梅花妆”“观音妆”“桃花妆”，甚至只画半边脸的“徐妃半面妆”，等

等。各类妆容数不胜数，其造型之新奇、想象之丰富令人啧啧称奇。

除涂脂抹粉之外，画眉和点唇也是中国古代女子面妆上的重头戏。中国古代女子画眉式样之繁多，是令今人也自叹弗如的。相传唐玄宗幸蜀时就曾令画工作《十眉图》。至宋代，有一女子名莹姐，画眉日作一样，曾有人戏之曰："西蜀有《十眉图》，汝眉癖若是，可作《百眉图》，更假以岁年，当率同志为修《眉史》也。"中国古代眉式不仅丰富多变，且不乏另类风格：如眉形短阔、如春蚕出茧的"出茧眉"；眉头紧锁、双梢下垂，呈蹙眉啼泣状的"愁眉"；其状倒竖，形如八字的"八字眉"，南朝寿阳公主嫁时妆，便是"八字宫眉捧额黄"。此外，初见于西汉，后盛行于唐代的"广眉"，其形为原眉数倍。《后汉书》中曾云："城中好广眉，四方画半额"，甚至"女幼不能画眉，狼藉而阔耳"。为求眉之广甚至画到了耳朵上，可见古时画眉之大胆与泛滥已到了不只求美而且求奇的境界了。

图1-2　唐代的红妆女子（新疆维吾尔自治区博物馆　弈棋仕女图　吐鲁番县阿斯塔那187号墓　绢本着色

另外，还有五花八门的面饰、染甲、文身，精雕细琢的各式首饰，造型各异的丰富发型，宋时流行开来的缠足习俗，各种功效神奇用以保养滋润的护发、护肤品，等等，其种类与造型之丰富，与如今并无二致。只是由于时代之不同导致的审美情趣有差异，科技之不同导致的妆容用品有区别，使得中国古典妆容用品与妆型呈现出与现今并不相同的独特风格与韵味（图 1–3）。

图1–3　明代仇英的《人物故事册之贵妃晓妆图》中对镜梳妆的女子

第二章

敷粉

第二章
敷　粉

一、妆粉的历史

化妆的第一个步骤是敷粉，但最早的妆粉产生于什么时候，现在恐怕很难有一个明确的定论。很多古籍中都有关于妆粉起源的记载，比如《太平御览》引《墨子》曰："禹造粉"；五代后唐马缟的《中华古今注》载："自三代以铅为粉。秦穆公女弄玉有容德，感仙人萧史，为烧水银作粉与涂，亦名飞云丹"；晋代张华的《博物志》曰："纣烧鈆(同铅)锡作粉"（《太平御览》卷719，分残本《博物志》）；元代伊世珍撰集的《嫏环记》引《采兰杂志》记："黄帝炼成金丹，炼余之药，汞红于赤霞，铅白于素雪。宫人……以铅傅面则面白。洗之不复落矣。"这些记述，大抵出自传说或小说家言，都把粉的出现推到远古，虽不足以全信，但可以推想，妆粉的发现和应用，在我国妇女中，于周代之前便应该有了（图2-1）。

图2-1　"齐家文化"七角星纹铜镜[①]

① 这是我国最早的铜镜之一，说明人们在原始社会时就已经知道对镜梳妆了。

二、妆粉的种类

1. 米粉

那么，最早的妆粉究竟是用何种材料制成粉呢。许慎的《说文解字》曰：“粉，傅（敷）面者也，从米分声。”说得很明白，粉是用米来做的，用之敷面。许慎乃东汉时人，他对粉的解释，必有其所见事实作根据。且汉代以前的文学作品中，都只言粉，而未言铅粉，可见当时尚未有铅粉问世。所以，大概在汉代以前，春秋战国之际，古人是用米粉敷面的（图 2-2）。

图2-2　刺绣粉袋（新疆民丰大沙漠一号东汉墓出土）

关于敷面米粉的制作工序，在北魏贾思勰的《齐民要术》卷5中有详细记载：做米粉的米以粱米为首选，粟米为第二，研磨成粉状，越细越好，米的选用越纯越好；首先，把磨好的米粉泡在木槽中，反复淘洗，直至水色由混变清；然后，把米粉浸入冷水中，时间越长越好，如时日不够，做出的粉不滑美；不用换水，直至发出烂臭味道才好，等日子满了，淘去粉中的醋气；然后，把粉放在一个砂盆中细细研磨成浆，令米浆干燥，变成干燥的粉饼；接着，削去四周粗白无光润的部分，中间核心雪白光润的部分便是上等的“粉英”；用刀把粉英饼切成薄片，放在阳光下晾晒，直至干透；然后，将粉英饼片揉碎成粉末，敷面用的米粉就做成了，粉末越细粉质越华美。也可加入丁香粉等香料于粉盒中，制成香粉，用以擦身。①

可见，古人米粉的制作工艺是非常讲究与繁复的。我们现在用的妆粉，大多含铅，相比之下，古人的米粉自然在护肤的层面上更胜一筹，在美肤的同时不会产生副作用。当然，米粉也有它的缺点，比如，它的附着力没有铅粉强，需要时常补妆；容易黏结，不够松散；而且增白功效与光泽度也不如铅粉明显。故此，在秦汉时期，随着炼丹术的成熟，铅粉便也应运而生。

2. 铅粉

敷面米粉的制作尽管已经很是精细，但米粉毕竟有着某些不足，因此，在秦汉时期，随着炼丹术的成熟，铅粉应运而生。

任何新兴事物的发明，必然与当时生产技术的发展有关。秦汉之际，道家炼丹盛行，秦始皇就四处求募“仙丹”，以期长生不老。烧丹炼丹术的发展，再加上汉时冶炼技术的提高，使铅粉的发明具备了技术上的条件，并把它作为化妆品流行开来。张衡的《定情赋》曰：“思在面而为铅华兮，患离神而无光。”曹植的《洛神赋》曰：“芳泽无加，铅华弗御。”刘勰的《文心雕龙 · 情采》也说：“夫铅华所以饰容，而盼倩生于淑姿。”在

① [北魏]贾思勰：《齐民要术》，上海商务印书馆2001年版。

图2-3　粉块（福建福州南宋黄昇墓出土）

语言文字中，一个新的词汇，往往伴随着新概念或新事物的出现而诞生。“铅华”一词在汉魏之际文学作品中的广泛使用决非偶然，应该是铅粉的社会存在的反映。

铅粉通常是将铅经化学处理后转化为粉做成的，其主要成分为碱式碳酸铅。铅粉的形态有固体及糊状两种：固体者常被加工成瓦当形及银锭形，称“瓦粉”或“定（锭）粉”（图 2–3）；糊状者则俗称“胡（糊）粉”或“水粉”。汉代刘熙的《释名 · 释首饰》曰：“胡粉。胡者糊也，和脂以糊面也。”因此，有人认为“胡粉”为胡人之粉是不对的。化铅所作胡粉，光白细腻。因能使人容貌增辉生色，故又名“铅华”（图 2–4）。

图2-4　瓷香粉盒（江西景德镇市郊宋墓出土）

古时的铅粉是用铅醋化为粉后调以豆粉和蛤粉制成的。其制作配方在明代李时珍所著的《本草纲目 · 金石部》卷8中有详细的记载：先把铅熔化，制成薄片，卷作筒状，安放在木甑(一种蒸馏或使物体分解用的器皿)内醋化为铅粉。然后每一斤铅粉调入豆粉二两，蛤粉四两，在水缸内搅匀，澄去清水。下垫香灰和宣纸，让湿粉慢慢荫干，然后截成瓦定形，或垒成块状，待干透收起。①

这样制成的铅粉古时因辰州、韶州、桂林、杭州诸郡专造，故有些书中又称辰粉、韶粉、桂粉或官粉(图2-5、图2-6)。

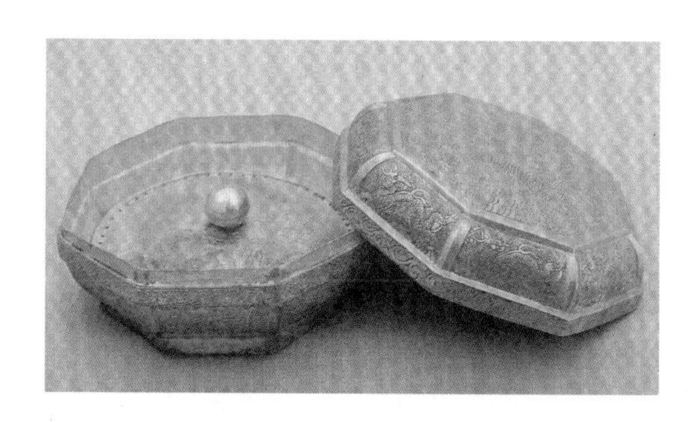

图2-5 明代金制粉盒

图2-6 青瓷粉盒(水邱氏墓出土)

① [明]李时珍：《本草纲目》，人民卫生出版社1975年版。

用这样的铅粉画画，白色可经久不减；用这样的铅粉妆面，时间长了则能使脸色发青。可见，当时古人也知铅粉也有其不足的一面。因铅含毒，久用对人体有害，使肤色变青，过量可导致皮肤脱落，甚至还会有生命危险。因此，人们也想尽办法对其进行改良，尽量减少它的毒性。如宋代陈元靓所著的《事林广记》中便记载有一个“法制胡粉方”[①]，据说可以一定程度上缓和其不足：把铅粉灌入空蛋壳中，以纸封口，上火蒸，直蒸到黑气透出壳外后再消失殆尽，然后用其擦脸，据说可使脸色永不发青，而且富有光泽。

当然，铅粉也有其优势的一面——用铅粉敷面，不仅能使肤色增白，而且其有较强的附着力，不像米粉那样容易脱落。《齐民要术》作紫粉法中便配有一定比例的胡粉（即铅粉），并解释说：“不著胡粉，不著人面”，即不掺入胡粉，就不易使紫粉牢固地附着于人的脸面。另一方面，把一定量的铅粉掺入用作面妆的米粉中，还有使后者保持松散，防止黏结的作用。因此，金属类的铅粉和植物类的米粉、豆粉等往往是混合使用的。这样便可各取其长，各补其短了。

3. 紫粉

紫粉，也是一种用来敷面的妆粉，只是粉中因掺入落葵子而呈微微的淡紫色（图 2-7）。晋代崔豹的《古今注》卷下中载有：“魏文帝宫人绝所爱者，有莫琼树、薛夜来、田尚衣、段巧笑四人，日夕在侧。……巧笑始以锦衣丝履，作紫粉拂面。”至于巧笑如何想出以紫粉拂面，根据现代化妆的经验来看，黄脸者，多以紫粉打底，以掩盖其黄，这是化妆师的基本常识。由此推论，或许段巧笑正是此妙方的创始人呢！

4. 珠粉（宫粉）

清代妇女则喜爱用珍珠为原料加工制作的妆粉，称为珠粉。《本草纲目 · 介部》卷 46 中载：“珍珠。涂面，令人润泽好颜色。涂手足，去皮肤逆胪。”可见，珍珠粉对皮肤是很有保养作用的。清代黄鸾来《古镜歌》中曾云：

---

① [宋]陈元靓：《事林广记》，中华书局出版1999年版。

图2-7　落葵，其种子含紫色素，是做紫粉的重要配料，还兼具护肤的功效

“函香应将玉水洗，袭衣还思珠粉拭。”就连皇后化妆用的香粉，也是掺入珍珠粉的。近人徐珂在《清稗类钞 · 服饰》中便记载有：“孝钦后好妆饰，化妆品之香粉，取素粉和珠屑、艳色以和之，曰娇蝶粉，即世所谓宫粉是也。”

慈禧太后不仅用珍珠粉敷面，还要服用珍珠粉以养颜。据记载她每十日服用珍珠粉一次，服时用银质的小勺，以温茶送下，这样可以使其皮肤十分柔滑有光泽。而且服时要有定量，每两次之间相隔一段日期，功效更好。

5. 珍珠粉

明代妇女喜用一种由紫茉莉的花种提炼而成的妆粉，称为珍珠粉（图2-8），其多用于春夏之季。明代秦征兰在《天启宫词》中曾云：“玉簪香粉蒸初熟，藏却珍珠待暖风。”诗下注曰：“宫眷饰面，收紫茉莉实，捣取其仁蒸熟用之，谓之珍珠粉。秋日，玉簪花发蕊，剪去其蒂如小瓶，然实以民间所用胡粉蒸熟用之，谓之玉簪粉。至立春仍用珍珠粉，盖珍珠遇西风易燥而玉簪过冬无香也。此方乃张后从民间传入。”曹雪芹在《红楼梦》一

图2-8　紫茉莉

书中对此也曾有生动明确的记载。在第44回“变生不测凤姐泼醋，喜出望外平儿理妆”中，平儿含冤受屈，被宝玉劝到怡红院，安慰一番后，劝其理妆，“平儿听了有理，便去找粉，只不见粉。宝玉忙走至妆台前，将一个宣磁盒子揭开，里面盛着一排十根玉簪花棒儿，拈了一根递与平儿。又笑说道：‘这不是铅粉，这是紫茉莉花种研碎了，对上料制的。’平儿倒在掌上看时，果见轻白红香，四样俱美，扑在面上也容易匀净，且能润泽，不像别的粉涩滞。”

6. 水银粉

又名汞粉、轻粉、峭粉、腻粉。《本草纲目 · 石部》第9卷载：“轻言其质，峭言其状，腻言其性。昔萧史与秦穆公炼飞云丹，第一转乃轻粉，即此。”（图2-9）水银粉，顾名思义，以水银为主料，《本草》中载：“水银乃至阴毒物。”故此粉固然雪白轻腻，但和铅粉一样，不宜独用、多用，适量用则可治风疮瘙痒、水肿鼓胀、毒疮。

图2-9　弄玉烧水银作粉以涂面①

7. 檀粉

将铅粉和胭脂调和在一起，使之变成檀红，即粉红色，称之为檀粉，然后直接涂抹于面颊。五代鹿虔扆《虞美人》词：“不堪相望病将成，钿昏

① 五代后唐马缟著《中华古今注》曰：“自三代以铅为粉。秦穆公女弄玉有容德，感仙人萧史，为烧水银作粉与涂，亦名飞云丹”。萧史是传说中春秋时的人物，弄玉是秦穆公的女儿，他们都喜欢吹箫，以箫结缘。汉代《刘向列仙传卷上萧史》中说：“萧史善吹箫，作凤鸣。秦穆公以女弄玉妻之，作凤楼，教弄玉吹箫，感凤来集，弄玉乘凤、萧史乘龙，夫妇同仙去。”传说箫史为让弄玉美白如玉，为其烧水银作粉以涂面，其白胜雪，名飞云丹。箫史、弄玉也可说是水银粉的创始人。

檀粉泪纵横。”杜牧在《闺情》一诗中有“暗砌匀檀粉”一句，均指此。其化妆后的效果，在视觉上与其他先敷白色妆粉，再擦胭脂的形式有明显差异，因为在敷面之前已经调和成一种颜色，所以色彩比较统一，整个面部的敷色程度也比较均匀，能给人以庄重、文静的感觉。

8. 养颜粉

妆粉除了粉白肌肤外，也可美容。例如，两宋时期妇女常用的“玉女桃花粉”，据说用此粉擦脸能去除斑点、润滑肌肤和增益姿容。还有“唐宫迎蝶粉”，可除游风去斑黯。《事林广记》中详细记载有其做法，用料甚是高级。

宋代陈元靓《事林广记》

玉女桃花粉

益母草，……茎如麻，而叶小，开紫花。端午间采晒烧灰用稠米饮搜团如鹅卵大，熟炭火煅一伏时，火勿令焰，取出捣碎再搜炼两次。每十两别煅石膏二两，滑石、蚌粉各一两，胭脂一钱，共碎为末，同壳麝一枚入器收之，能去风(粉)刺，滑肌肉，消斑黯，驻姿容，甚妙。

唐宫迎蝶粉

粟米随多少，淘淅如法，频易水浣，浸。取十分清洁倾顿瓷钵内，令水高粟寸许，以用绵盖钵面，隔去尘污，向烈日中曝干，研为细粉，每水调少许着器内，随意摘花采粉覆盖熏之，人能除游风去斑黯。

此粉没有半点铅粉含量，真是一种高级养颜粉了。

9. 爽身粉

爽身粉通常制成粉末，加以香料，浴后洒抹于身，有清凉滑爽之效。

多用于夏季。汉代伶玄的《赵飞燕外传》中写有："后浴五蕴七香汤，踞通香沉水，坐燎降神百蕴香；婕妤浴豆蔻汤，傅(敷)露华百英粉。"这里的露华百英粉便是一种爽身粉(图 2-10)。

图2-10　班婕妤傅露华百英粉[①]

① 班婕妤是汉成帝的后妃，在赵飞燕入宫前，汉成帝对她最为宠幸。班婕妤在后宫中的贤德是有口皆碑的。当初汉成帝为她的美艳及风韵所吸引，天天同她在一起。班婕妤体有异香，帝常私语樊懿曰："后（即赵飞燕）虽有异香，不若婕妤体自香也。"

第三章

擦胭脂

第三章
擦胭脂

敷粉，只不过是古代女子化妆的第一个步骤。伴随着敷粉，女子往往还要施朱，即在脸颊上施以一定程度的红色妆品，使面色红润（图 3-1）。

在周代的文献中，施朱便曾多次被提到过。如《楚辞 · 大招》曰“稺

图3-1　唐代女劳作陶俑，展现出下层劳动妇女也喜爱用胭脂妆扮自己

朱颜只”;《招魂》曰“美人既醉,朱颜酡(tuō)些”;《登徒子好色赋》曰“著粉则太白,施朱则太赤”。都说明至迟在周代,中国女子已有施朱的习俗。

那么这里提到的“朱”到底是一种什么样的化妆品呢?其实主要分为两类:

一类是粉质的,即敷粉并不以白粉为满足,又用朱砂一类物质染之使红,成了红粉,也称朱粉。明代宋应星著的《天工开物》丹青篇中“紫粉”法中便有记载:“贵重者用胡粉、银朱对和;粗者用染家红花滓汁为之。”这里的“紫粉”书中载呈緅红色,其实即是红粉的一种。红粉与白粉同属于粉类。红粉的色彩疏淡,使用时通常作为打底、抹面。由于粉类化妆品难以黏附脸颊,不宜存久,所以当人流汗或流泪时,红粉会随之而下。

另一类则属油脂类,黏性强,擦之则浸入皮层,不易退失,我们通常所提到的胭脂便既有粉质,也有油脂类的。化妆时,一般在浅红的红粉打底的基础上,再在人的颧骨处抹上少许油脂类的胭脂,从而不易随泪水流落或褪失(图3–2)。

图3–2　宋代何氏墓影青瓜形胭脂盒(江苏淮安城东南窑)

一、胭脂的历史

胭脂的历史非常悠久，对其起始时间，古书则记载不一。《中华古今注》曰："燕脂起自纣，以红蓝花汁凝作之。调脂饰女面，产于燕地，故曰燕脂。匈奴人名妻为阏氏，音同燕脂，谓其颜色可爱如燕脂也。"但宋代高承在《事物纪原》中则称："秦始皇宫中，悉红妆翠眉，此妆之始也"。

从已发掘的考古资料看，湖南长沙马王堆一号汉墓出土的梳妆奁（lián）中已有胭脂等化妆品。此墓主人为当时一位轪侯之妻，墓年代大约为汉文帝五年（前 175 年），距秦灭亡 40 年。可见，至迟在秦汉之际，妇女已以胭脂妆颊了。

二、胭脂的种类

1. 红蓝花胭脂

古代制作胭脂的主要原料为红蓝花。红蓝花亦称"黄蓝""红花"，是从匈奴传入汉民族的（图 3–3）。汉代以来，汉、匈之间有多次军事厮杀，

图3–3　红蓝花，其含有丰富的红花红色素，是我国古代制作胭脂的重要原料

如汉武帝三次大规模的反击，匈奴右部浑邪王率众四万人归附于汉朝；汉宣帝甘露三年（前 51 年）呼韩邪单于归臣于汉朝；光武帝建武廿四年（48 年），驻牧于南边的匈奴日逐王比率众到王原塞归附。再加上官吏与民众间的交往，都为汉、匈两民族文化习俗的沟通与传袭开辟了一条广阔的途径。胭脂的制作、使用与推广，也正是在这种大交流、大杂居的历史背景下，渐渐由匈奴传入汉朝宫廷及与匈奴接壤的广大区域的。

宋代《嘉祐本草》载："红蓝色味辛温，无毒。堪作胭脂，生梁汉及西域，一名黄蓝。"西晋张华的《博物志》载："'黄蓝'，张骞所得，今沧魏亦种，近世人多种之。收其花，俟干，以染帛，色鲜于茜，谓之'真红'，亦曰'鲜红'。目其草曰'红花'。以染帛之余为燕支。干草初渍则色黄，故又名黄蓝。"史载汉武帝时，由张骞出使西域时带回内地，因花来自焉支山，故汉人称其所制成的红妆用品为"焉支"。"焉支"为胡语音译，后人也有写作"烟支""鲜支""燕支""燕脂""胭脂"的。在汉代，红蓝花作为一种重要的经济作物和美容化妆材料，已经广泛地进入了匈奴人的社会生活之中，故霍去病先后攻克焉支、祁连二山后，匈奴人痛惜而歌："亡我祁连山，使我六畜不蕃息；失我焉支山，使我妇女无颜色。"

以红蓝花制胭脂之法，《齐民要术》中有详录。采摘来红蓝花之后，第一步为"杀花"，因为红花除含有红花红色素外，还含有红花黄色素，而黄色素多于红色素，所以必须事先褪去黄色素，然后才能利用红色素做染料，这种褪去黄色素之法即称为"杀花法"。杀花之后便可做胭脂，最初做的胭脂多为粉状的胭脂饼，大约在北朝末期，人们在胭脂粉中，又掺入牛髓、猪胰等物，使之变成一种稠密润滑的油膏，这便是书中前面提到的油脂类胭脂膏。

粉状的胭脂饼和油脂类胭脂膏是胭脂中最为常见的两种。随着人们生活水平的提高，对化妆品的要求也越来越趋于考究，不仅要使用和携带方便，而且制作胭脂的原料也有所发展（图 3-4）。

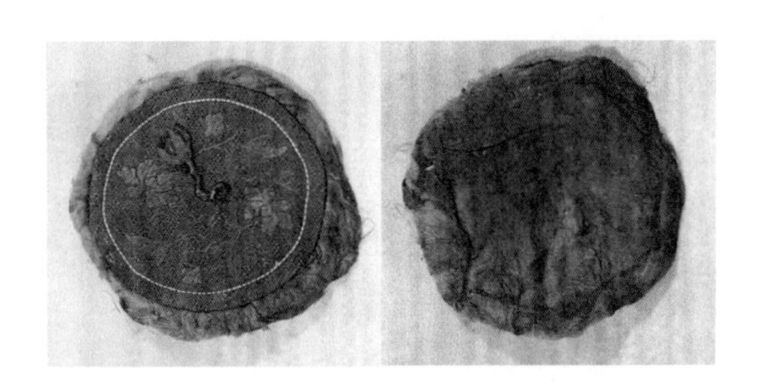

图3-4　丝绸粉扑（江苏无锡元钱裕夫妇墓出土）

2. 绵胭脂

绵胭脂出现于魏晋时期，是一种便于携带的胭脂。以丝绵卷成圆条浸染红蓝花汁而成，妇女用以敷面或注唇。晋代崔豹的《古今注》卷 3 中载："燕支……又为妇人妆色，以绵染之，圆径三寸许，号绵燕支。"

3. 金花胭脂

金花胭脂是一种便于携带的薄片胭脂，以金箔或纸片浸染红蓝花汁而成。使用时稍蘸唾沫使之溶化，即可涂抹面颊或注点嘴唇。同是《古今注》卷 3 中还载："燕支……又小薄为花片，名金花烟支，特宜妆色" 即指此。

4. 花露胭脂

在《红楼梦》第 44 回，曹雪芹对这种胭脂有颇为精彩的描写："（平儿）看见胭脂，也不是一张，却是一个小小的白玉盒子，里面盛着一盒，如玫瑰膏子一样。宝玉笑道：'铺子里卖的胭脂不干净，颜色也薄。这是上好的胭脂拧出汁子来，淘澄净了配上花露蒸成的。只要细簪子挑一点抹在唇上，足够了；用一点水化开，抹在手心里，就够拍脸的了'。" 可见这种胭脂不仅用于妆颊，也用于点唇。这里所谓"上好的胭脂"，应是指的红蓝花。

5. 玫瑰胭脂

一种由玫瑰花瓣制成的胭脂，亦称"玫瑰膏子"。这种玫瑰胭脂在清代非常流行。清宫后妃所用的玫瑰胭脂，选料都极为讲究。玫瑰开花，不仅朵与朵之间色泽不一，就连同一朵中的各花瓣之间颜色深浅也大不一样，因此制胭脂的宫人要于清晨玫瑰带露初绽时将花朵摘下，仔细选取色泽纯正一致的花瓣，其余的一概弃去。选好花瓣后，将其放入洁净的石臼，慢慢舂研成浆，又以细纱制成的滤器滤去一切杂质，然后取当年新缫的白蚕丝，按胭脂缸口径大小，压制成圆饼状，浸入花汁，五六天后取出，晒三四个日头，待干透，便制成了玫瑰绵胭脂。

6. 山榴花胭脂

一种以山榴花汁制成的胭脂，其制法应和玫瑰胭脂类似。《天工开物》中载："燕脂，古造法以紫铆染绵者为上，红花汁及山榴花汁者次之……"即指此。

7. 山花胭脂

即以山燕脂花做成的胭脂。有别于红蓝花汁凝成的胭脂。明代李时珍《本草纲目·草》卷15中曾言："燕脂有四种：一种以红蓝花汁染胡粉而成……一种以山燕脂花汁染粉而成……一种以山榴花汁作成者……一种以紫矿染绵而成者，谓之胡燕脂。"唐段公路《北户录·山花燕支》中则详细记载了这种花的形态："山花丛生，端州山崦间多有之。其叶类蓝，其花似蓼。抽穗长二三寸，作青白色，正月开。土人采含苞者卖之，用为燕支粉，或持染绢帛。其红不下红蓝。"

8. 胡胭脂

明清时期还有一种以紫铆染绵而制成的胭脂，谓之"胡胭脂"。《本草纲目·虫》卷39中载："紫铆，音矿。又名赤胶，紫梗。此物色紫，状如矿石，破开乃红，故名。……是蚁运土上于树端作巢，蚁壤得雨露凝结而成紫铆。昆仑出者善，波斯次之。……紫铆出南番。乃细虫如蚁、虱，缘树枝造成……今吴人用造胭脂"。所谓紫铆，是一种细如蚁虱的昆虫——紫胶虫的分泌物。寄生于多种树木，其分泌物呈紫红，以此制成的染色剂其品质极佳，制成胭脂想来必属上品。《天工开物》中亦载："燕脂，古造法以紫铆染绵者为上……”这里的“以紫铆染绵者”应也是指此。

由此可见，古人制作胭脂，从最早的矿物（朱砂），到后来的植物（红蓝花、山燕脂花、玫瑰、山榴花等），待到明清时期采用动物的分泌物，可谓囊天地之精华，用心极其良苦了！（图 3-5）

图3-5　赵合德淡扫胭脂“慵来妆”①

① 赵合德是汉成帝皇后赵飞燕的妹妹，汉嘉鸿三年，成帝微服出巡，见当时是歌女的赵飞燕艳丽非常，便召她入宫，宠爱有加。不久成帝又召其妹赵合德入宫，二人极得恩宠。赵合德体态丰盈，极擅妆容，创作了很多新奇的妆型。如淡扫胭脂的“慵来妆”，衬倦慵之美，薄施朱粉，浅画双眉，鬓发蓬松而卷曲，给人以慵困，倦怠之感。汉伶玄《赵飞燕外传》中便载：“合德新沐，膏九曲沉水香。为卷发，号新髻；为薄眉，号远山黛；施小朱，号慵来妆。”

三、胭脂的使用

关于敷搽胭脂的方法，多和妆粉一并使用，据《妆台记》云：“美人妆面，既敷粉，复以燕支晕掌中，施之两颊，浓者为酒晕妆（图 3–6）；浅者为桃花妆；薄薄施朱，以粉罩之，为飞霞妆。”这里的“酒晕妆”和“桃花妆”都是在敷完妆粉后，再把胭脂或浓或淡涂抹于两颊之上。而“飞霞妆”则是先施浅朱，然后以白粉盖之，有白里透红之感。因色彩浅谈，接近自然，故多见于少妇使用。另外，还有将铅粉和胭脂调和在一起，使之变成檀红，即粉红色，称为“檀粉”，然后直接涂抹于面颊的。杜牧在《闺情》一诗中有：“暗砌匀檀粉”一句，便指此。它在化妆后的效果，在视觉上与其他方法有明显的差异，因为在敷面之前已经调合成一种颜色，所以色彩比较统一，整个面部的敷色程度也比较均匀，能给人以庄重、文静的感觉（图 3–7）。

图3–6　盛唐陶俑一脸浓重的胭脂

图3–7　20世纪初的女子对胭脂依旧偏爱有加

第四章

描眉染黛

第四章
描眉染黛

一、眉黛的历史

中国古代女子化妆不重眼妆，但极重眉妆。早在周代《楚辞 · 大招》中便有"粉白黛黑，施芳泽只"的描述，说明至迟在周代，已有用黛画眉之俗。

二、黛眉的式样

战国时宋玉所著的《招魂》言宫女"蛾眉曼睩"；《列子 · 周穆公》的"施芳泽，正蛾眉"；《大招》云"娥眉曼只"；《离骚》自喻"众女嫉余之蛾眉兮"；《诗经》中则有"螓首蛾眉"。由此可见，"蛾眉"当是最早流行的眉妆。蛾，似蚕而细，蛾眉则是弯而长的细曲眉，这种眉是用墨黛勾勒出来的（图 4-1），也是中国古代女子最钟爱的一种眉式（图 4-2）。

汉魏时期，中国女子的眉式逐渐趋向浓阔，出现了"城中好广眉，四方画半额"的俗语，甚至"女幼不能画眉，狼藉而阔耳"。

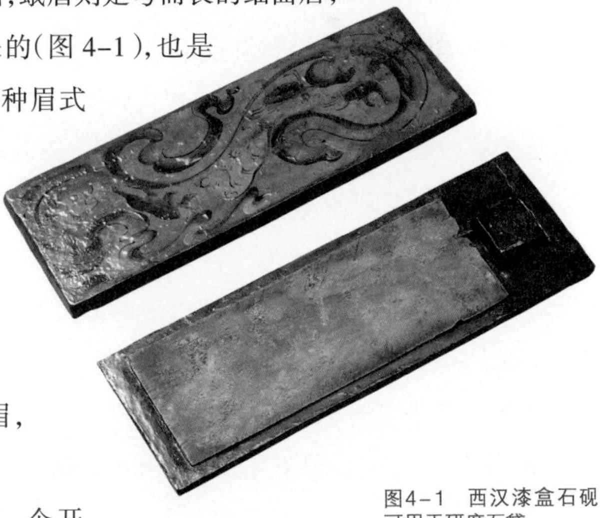

图4－1　西汉漆盒石砚，可用于研磨石黛

到了唐代，由于这是一个开

图4-2　东晋顾恺之《洛神赋图》中洛神一簇弯弯的峨眉，忧怨飘摇

图4-3　唐金银平脱羽人飞凤花鸟纹铜镜（河南郑州出土）

放浪漫，博采众长的盛世朝代，故此在眉妆这一细节上，各种变幻莫测、造型各异的眉形纷纷涌现，开辟了中国历史上，乃至世界历史上眉式造型最为丰富的辉煌时代（图 4-3）。唐代妇女的画眉样式，比起汉魏更显宽粗，形似蚕蛾触须般的长眉已不多见。从形象资料来看，阔眉的描法多种多样：垂拱年间，眉头紧靠，仅留一道窄缝，眉身平坦，钝头尖尾；如意年间，眉头分得较开，两头尖而中间阔，形如羽毛；万岁登封年间，眉头尖，眉尾分梢；长安年间，眉头下勾，眉身平而尾向上扬且分梢；景云年间，眉短而上翘，头浑圆，身粗浓……凡此种种，诡形殊态，可谓变幻莫测。但万变不离其宗，都是长、阔、浓的集锦之作。隋唐五代眉妆的繁盛，与强大的国力和统治者的重视是分不开的。唯其国力强盛，广受尊重崇尚，才能表现出充分自信、自重、开放和容纳各种外来文化的大家气度，从而增添本身的

魅力。由于统治者的重视，则为妇女妆饰资料提供了记录、结集和传世的机会。唐代张泌《妆楼记》中载：“明皇幸蜀，令画工作《十眉图》，‘横云’‘却月’皆其名。”明代杨慎的《丹铅续录》中还详细叙述了这十眉的名称：“一曰鸳鸯眉，又名八字眉（图4-4）；二曰小山眉，又名远山眉；三曰五岳眉；四曰三峰眉；五曰垂珠眉；六曰月棱眉，又名却月眉；七曰分梢眉；八曰涵烟眉；九曰拂云眉，又名横烟眉；十曰倒晕眉（图4-5）。”事实上，遑论隋唐五代，仅玄宗在位之时，各领风骚的又何止十眉呢？

宋代以后，由于“程朱理学”的兴起，其宣扬尊古、复礼、妇教，提倡

图4-4　元代永乐宫壁画中神女的眉形为八字宫眉

图4-5　台北故宫博物院藏《宋仁宗皇后像》旁的侍女，其眉形为倒晕眉

“存天理而灭人欲”。妇女的地位一落千丈，妆容不再似前朝那样大胆奔放，而是以淡雅清秀为美。尽管也出现有画眉日作一样的莹娘（图 4–6），但毕竟属于异类，在眉妆主流上则又重新兴起纤细秀丽的复古长娥眉，而且历经元明，直到清代一直盛行不衰（图 4–7、图 4–8）。

图4–6　西蜀莹娘画眉痴[1]

① 《潜确类书》中记载：宋代平康有一名妓名莹娘，玉净花明，尤擅画眉，画眉日作一样。曾有人戏之曰：“西蜀有《十眉图》，汝眉痴若是，可作《百眉图》，更假以岁年，当率同志为《修眉史》矣。”可见其画眉式样之多。

图4-7　北宋苏汉臣《妆靓仕女图》

图4-8　《历代帝后像》中元代蒙古族皇后的眉形多为平直的一字眉，大约取其端庄之意

三、眉黛的种类

1. 古人最早用的画眉材料——石黛

古人最早用的画眉材料称为“黛”。汉代刘熙《释名》曰：“黛，代也。灭眉而去之，以此画代其处也。”这段话的意思是古人在画眉前一般要剃去天然的眉毛，以黛画之。《说文解字》中也说：“黛作黱，画眉也。”

但黛到底是什么呢？通俗文云：“染青石谓之点黛。”这样看来，黛是一种矿石。当时女子画眉，主要使用这种矿石，汉时谓之“青石”，也称作“石黛”，这个名称从六朝至唐最为盛行。可是，石怎么能够拿来画、染或点呢？殊不知这种矿石在矿物学上属于“石墨”一类。按“石墨”一名，宋、明间的典籍上已经有之，杨升盦在其所著的《谭苑醍醐》上说：“山海经‘女牀之山，其阴多石涅’考经援神契曰：‘王者德至山陵而墨丹出’（注：丹者别是彩名，亦犹青白黄皆云丹也）‘石涅’‘墨丹’即今之‘石墨’也，一名‘画眉石’。上古书用漆书，中古用石墨，后世用烟墨。”据这一段看来，中国人很早就发现了“石墨”这种矿物质，但古人却不叫石墨，而叫作“石涅”，指其能“涅”（染）；又叫作“墨丹”，按古时凡粉质的颜料都叫作“丹”，不专指红色的丹而言，故黑色的颜料也叫作“墨丹”。不论叫“石涅”也好，叫“墨丹”也好，总之是山岭的产物，换言之，即是矿物。因其质浮理腻，可施于眉，故后又有“画眉石”的雅号。石黛用时要放在专门的黛砚上磨碾成粉，然后加水调和，涂到眉毛上。后来有了加工后的黛块，可以直接兑水使用。汉代的黛砚，在南北各地的墓葬里常有发现。在江西南昌西汉墓就出土有青石黛砚。江苏泰州新庄出土过东汉时代的黛砚，上面还粘有黛迹。广西贵县罗泊湾出土的汉代梳篦盒中，也发现了已粉化的黑色石黛。

从“青石”的命名，可以推断黛的颜色是“青”的。然而古代的“青”与现代人所理解的“青”不同，它是一种元色，包括蓝、苍、绿、翠等深浅的浓度，故有时又直接称这种颜色为“玄色”或“元色”。例如，苍天叫作“玄天”，海洋叫作“玄溟”。黛的色泽也是一样的含混不明，有时言其“苍翠”，有时径直呼为“黛绿”“黛黑”，也有时指黛为玄，因改称“黛眉”或“玄眉”。如曹子建《七启》中便有“玄眉弛兮铅笔落”一句。

黛的色彩会随其浓度的深浅而异样。极深色的黛，与浅黑色实在差不了多少，这种色彩，仿佛今之所谓“墨绿”，实介乎黑与绿之间。我们又知道绿色本来含有青（蓝）与黄两种色素，如果青的色素很强，便成为近于黑的“玄”色；稍微轻一点，便成为蔚蓝的“苍”色；再轻一点，便成为仲冬的松柏和深春的树林那种“翠”色。反之，如果让黄的色素凌驾了青的色彩，那便显出“碧绿”的色彩来了。所以，黑、玄、苍、青、翠、绿等色彩，其实只是色素深浅浓淡的变化，而黛眉之所以有了“墨眉”“玄眉”“青黛眉”“翠眉”“绿眉”等等名称，如宋人高承在《事物纪原》卷3中记载：“秦始皇宫中，悉红妆翠眉，此妆之始也。”《中华古今注》云：

“梁天监中，武帝召宫人作白妆青黛眉。”万楚的《五日观妓》中记：“眉黛夺得萱草色，红裙妒杀石榴花。”白居易的《上阳白发人》曰：“青黛点眉眉细长，天宝末年时世妆。”这些其实只是画时着色的深浅浓淡的多样变化而已。

2. 黄色眉黛

魏晋时期由于连年战乱，礼教相对松弛，且因佛教传播渐广，因此受外来文化的影响，在眉妆上，打破了古来绿蛾黑黛的陈规而产生了别开生面的“黄眉墨妆”新式样。面饰用黄，大概是印度的风习，经西域间接输入华土。汉人仿其式，初时只涂额角，即“额黄”。如北周诗人庾信诗云：“眉心浓黛直点，额角轻黄细安。”再后乃施之于眉，在眉史上遂别开新页，尤在北周时最为流行。明代田艺蘅《留青日札》卷20云：“后(北)周静帝令宫人黄眉墨妆。”《隋书 · 五行志上》也载有：“(北)后周大象元年，朝士不得佩绶，妇人墨妆黄眉。”这里画黄眉用的黄色当是一种类似石黄一类的矿石，或者松花粉一类的植物质粉末。

3. 螺子黛

“螺子黛”又称“螺黛”“黛螺”“螺”，亦称“画眉石”，是一种人工合成的画眉颜料。它以靛青、石灰水等经化学处理而制成，呈黑色，外形如墨。使用时蘸水即可，无需研磨。相传原出波斯，《本草纲目 · 草部》卷16载：“青黛，又名靛花、青蛤粉。……青黛从波斯国来……波斯青黛，亦是外国蓝靛花，即不可得，则中国靛花亦可用。”

在古代的画眉妆品中，最为名贵的当属螺子黛了，在汉魏时可能便已有之，但在隋唐时代才见到有明文记载。颜师古在《隋遗录》中载道：“由是殿角女争效为长蛾眉，司宫吏日给黛五斛，号为蛾绿。螺子黛出波斯国，每颗值十金。后征赋不足，杂以铜黛给之，独绛仙得赐螺子黛不绝。帝每倚帘视绛仙，移时不去，顾内谒者云：古人言秀色若可餐，如绛仙真可疗饥矣！”隋炀帝好色，又极爱眉妆，为了给宫人画眉，他不惜加重征赋，从波斯进口大量螺子黛，赐给宫人画眉。殿角女吴绛仙因善于描长眉而得宠，竟被封为婕妤。狂热之情，不难想象（图 4–9）。而昂贵的螺子黛，亦使“螺黛”成为眉毛的美称。除去颜师古的记载，唐代冯艺的《南部烟花记》中也有相同的记载：“炀帝宫中争画长蛾，司宫吏日给螺子黛五斛，出波斯国。”据此看来，可知螺子黛的消费，以隋大业时代为最巨，它在大业时代每颗已值十金，而据清人陆次云之说，清时价值已增加百倍之多，其名贵实属可惊！

图4–9 吴绛仙独享螺子黛

4. 铜黛

螺子黛是很珍贵的修饰品，且得之不易，无怪乎在穷奢极侈的炀帝时期，尚且要“杂之以铜黛”呢！那么“铜黛”到底是什么呢？由推考大约是“铜青”一类，《本草纲目 · 金石部》卷 8 上有载：“铜青，又名铜绿，生熟铜皆有青，即是铜之精华”。

5. 青雀头黛

深灰色的画眉颜料。状如墨锭。原出于西域，南北朝时期传入中原，多为宫女所用。《太平御览》卷 719 引《宋起居注》：“河西王沮渠蒙逊，献青雀头黛百斤。”

6 .画眉墨

石黛（石墨）是中国的天然墨，在没有发明烟墨之前，男子用它来写字，女子则用它来画眉。但《墨谱》中载 :“周宣帝令外妇人以墨画眉，禁中方得施粉黛。”可知，北周时已有了区别于天然墨的人造墨了。人造墨的发明，在纸笔之后。汉代尚以石墨磨汁作画，至魏晋间始有人拿漆烟和松煤制墨，谓之“墨丸”。唐以后，墨的制造逐渐进步，至宋而灿然大备，烟墨的制法，到了这个时代不但技术进步，而且应用普遍了。我们在宋人的笔记里，便可见到以烟墨画眉的记载。如宋人陶谷《清异录》载 :“自昭哀来，不用青黛扫拂，皆以善墨火煨染指，号薰墨变相。”

这类画眉墨的制法，在《事林广记》中有一条很详明的记载，因其专供镜台之用，故时人特给它起了一个非常香艳的名字叫做“画眉集香丸”。若论色泽，这种人工制品，也许不及天然石黛的鲜艳且深浅由人。“画眉集香丸”只可画黑眉，不能作翠眉、绿眉，当是可以推想得到的。但论制作手续的繁复，却不能不承认比单纯利用自然产物进步得多了。因此，自宋以后，眉色以黑为主，青眉、翠眉逐渐少见，当与画眉材料的更新有着直接的联系。

7. 其他

到了民国时期，普通百姓还发明了一些价廉的画眉用品。例如，擦燃一根火柴(那时称洋火),让它延烧到木枝后吹灭,即可拿来画眉。这种方法果然是简单极了,但火柴要选牌子好的,并且画得不均匀,色也不能耐久,要时时添画上去。

第二种方法稍微复杂一点,也是利用火柴的烟煤,但不是直接利用,需先取一只瓷杯,杯底朝下,置于燃亮的火柴之上,让它的烟煤薰于杯底,这样连烧几根火柴,杯底便积聚了相当的烟煤,取画眉笔或小毛刷子(状如牙刷,但比之小)蘸染杯底的烟煤,然后对镜细细描于眉峰。

第三种方法却不用火柴枝,而改用老而柔韧的柳枝儿,据说画在眉峰,黑中微显绿痕,比火柴好看多了,用法照上述第一、第二种都可以。假如用第一种方法画,则要把烧过的那一端削的尖尖的才好画。

最后一种方法据说是到药材铺买一种叫作“猴姜”的中药,回来煨研成末,再用小笔或小毛刷描画眼眉。

到了 20 世纪 20 年代初,随着西洋文化的东渐,我国妇女的化妆品也发生了一系列的变化。画眉材料,尤其是杆状的眉笔和经过化学调制的黑色油脂,由于使用简便又便于携带,一直沿用到今天(图 4-10)。

图4-10 放梳妆铜镜与木梳的刺绣妆袋(新疆洛浦县山普拉汉墓出土,长21厘米,宽10厘米)

第五章

点　唇

第五章
点　唇

一、点唇历史

中国古代女子点唇的历史由来已久，早在先秦大文人宋玉笔下《神女赋》中对神女的描写，就有“眉联娟以蛾扬兮，朱唇的其若丹”的词句，形容两片朱唇犹如着过丹脂一样殷红。这说明至迟在周代，中国女子已有点唇的习俗了。

到了汉代，刘熙《释名 · 释首饰》一书中就已明确提到唇脂：“唇脂，以丹作之，象（像）唇赤也。”这里的丹是指一种红色的矿物质颜料，也叫朱砂。但朱砂本身不具黏性，附着力欠佳，如用它敷在唇上，很快就会被口沫溶化，所以古人在朱砂里又掺入适量的动物脂膏。由此法制成的唇脂，既具备了防水的性能，又增添了色彩的光泽，且能防止口唇皲裂，成为一种理想的化妆用品。唇脂的实物，在江苏扬州、湖南长沙等地西汉墓葬中都有发现，出土时，还盛放在妆奁之中，尽管在地下埋藏了两千多年，但色泽依然艳红夺目（图 5-1）。这说明，在汉代，妇女妆唇已是非常普遍了。

图5-1　盛放在小漆盒内的唇脂（湖南长沙马王堆一号汉墓中出土）

二、点唇式样

中国古代女子点唇的样式，一般以娇小浓艳为美，俗称“樱桃小口”。因唇脂的颜色具有较强的覆盖力，可改变嘴形，为此，她们在妆粉时常常连嘴唇一起敷成白色，然后以唇脂重新点画唇形。唇厚者可以返薄，口大者可以描小。描画的唇形自汉至清，变化不下数十种。例如，湖南长沙马王堆汉墓出土木俑的点唇形状便十分像一只倒扣的樱桃（图5-2）。相传唐代

图5-2　马王堆一号汉墓中出土的木俑，其如倒扣樱桃般的一点朱唇是汉代典型的唇式

诗人白居易家中蓄妓，有两人最合他的心意：一位名樊素，貌美，尤以口形出众；另一位名小蛮，善舞，腰肢不盈一握。白居易为她俩写下了“樱桃樊素口，杨柳小蛮腰”的风流名句，至今还仍然被用作形容美丽的中国女性的首选佳句(图5-3)。当然“樱桃小口”只是形容唇小的一个概称，其具体的形状则并不仅仅只是圆圆的樱桃形状。晚唐时流行的唇式样式最多，据宋陶谷《清异录》卷下记载：“僖昭时，都下娼家竞事唇妆。妇女以此分妍与否。其点注之工，名色差繁。其略有胭脂晕品、石榴娇、大红春、小红春、嫩吴香、

图5-3　樱桃樊素口

半边娇、万金红、圣檀心、露珠儿、内家圆、天宫巧、洛儿殷、淡红心、猩猩晕、小朱龙、格双唐、媚花奴等样子。”其形制虽然大多不详，但仅从这众多的名称便可看出古时女子点唇样式的不拘一格（图 5-4、图 5-5）。

图5-4　清代传世贵妇像，她的唇形上唇涂满，下唇一点樱桃，是清代最为流行的唇妆款式

图5-5　清代佚名《乾隆妃梳妆图》，图中的女子只妆下唇

三、唇脂（口脂）的制作

制作唇脂（口脂）的配方，在古籍中记载众多。一般以动物油脂、矿物蜡和各种香料制成，涂在唇上以防开裂，如需颜色，则以朱砂、紫草、黄蜡或其他色素入油调和，以助姿容。

但唇脂和口脂还有一些不同，《外台秘要》“千金翼口脂方”中称：“口脂如无甲煎，即名唇脂，非口脂也。”那么甲煎是什么呢？《本草纲目 · 介部》卷 46 中解到：“（藏器曰）甲煎，以诸药及美果、花烧灰和蜡成口脂，……三年者良。（时珍曰）甲煎，以甲香同沉麝诸药花物制成，可作口脂及焚爇也。”可见，甲煎是作口脂很重要的一味配料。分析甲煎的制法，主要是用多种香料和油及蜜煎制而成的一种香油，可增加口脂的滋润度及香味。韦庄《江城子》词曰："朱唇动，先觉口脂香。"可谓写出了此中的意境。同时，甲煎也可作为调制其他化妆品时加入的香料。可见唇脂主要是妆唇着色的功能，而口脂则除了妆唇外，还兼有润唇护唇的功能。

四、唇脂颜色

1.无色口脂

有色唇脂是女性化妆时的专用唇脂，无色唇脂则只起滋润双唇，防止口裂的功效，是男性也可用的，相当于现在的润唇膏。

在唐代，男子非常盛行涂抹面脂、口脂类护肤化妆品。唐代皇帝每逢腊日便把各种面脂和口脂分赐官吏（尤其是戍边将官），以示慰劳。唐制载："腊日赐宴及赐口脂面药，以翠管银罂盛之"。韩雄撰《谢敕书赐腊日口脂等表》云："赐臣母申园太夫人口脂一盒，面脂一盒……兼赐将士口脂等"。唐代刘禹锡在《为李中丞谢赐紫雪面脂等表》云："奉宣圣旨赐臣紫雪、红雪、面脂、口脂各一合（盒），澡豆一袋。"唐代白居易《腊日谢恩赐口蜡状》也载："今日蒙恩，赐臣等前件口蜡及红雪、澡豆等。"唐高宗时，把元万顷、刘祎之等几位文学之士邀来撰写《列女传》《臣轨》，同时还常密令他们参决朝廷奏议，借此来分减宰相的权力，人称他们为"北门学士"。由于他们有这种特殊身份，高宗非常器重，每逢中尚署上贡口脂、面脂等，高宗也总要挑一些口脂赐给他们使用。唐段成式《酉阳杂俎 · 前集》卷1中便载："腊日，赐北门学士口脂、蜡脂，盛以碧镂牙筩（筒）。"这里提到的口脂和口蜡，便是一种无色唇脂。从《外台秘要方》中对口脂配方的详细介绍，我们也可推断出当时口脂的制作应是非常大众化，而且也非常讲究了。

2. 檀口（浅红色唇脂）

一种浅红色唇脂，称为檀口。唐代韩偓《余作探使以缭绫手帛子寄贺因而有诗》中便云："黛眉印在微微绿，檀口消来薄薄红。"敦煌曲《柳青娘》

中也有“故着胭脂轻轻染,淡施檀色注歌唇”的诗句。

3. 朱唇(大红色唇脂)

大红色唇脂是最常见的一类唇脂,通常在口脂中调以熟朱和紫草以着色。用其描画而成的双唇通常称为“朱唇”,亦称“丹唇”。唐代岑参《醉戏窦子美人》诗中便有描写美唇的名句“朱唇一点桃花殷”,形容美人的唇如桃花一般殷红鲜润。

4. 绛唇(深红色唇脂)

唐代妇女还非常喜欢用深红色点唇,即成“绛唇”。秦观的《南乡子》中便有:“揉蓝衫子杏黄裙,独倚玉栏,无语点绛唇。”而《点绛唇》也成了一首著名的词牌名。

5. 黑唇(黑色唇脂)

除了红唇之外,古代还流行过以乌膏涂染嘴唇的黑唇,这在南北朝时便已有之,南朝徐勉《迎客曲》中便载有:“罗丝管,舒舞席, 敛袖嘿(黑)唇迎上客。”至中唐晚期大兴,广施于宫苑民间。《新唐书 · 五行志一》中载:“元和末,妇人为圆鬟椎髻,不设鬓饰,不施朱粉,惟以乌膏注唇,状似悲啼者。”唐白居易在《时世妆》一诗中也有生动的描写:“乌膏注唇唇似泥,双眉画作八字低。”与宋代并立的辽代契丹族妇女有一种非常奇特的面妆,称为“佛妆”。这是一种以栝蒌等黄色粉末涂染于颊,经久不洗,既具有护肤作用,又可作为妆饰,多施于冬季。因观之如金佛之面,故称为“佛妆”。朱彧的《萍洲可谈》卷 2 中载:“先公言使北时,使耶律家车马来迓,毡车中有妇人,面涂深黄,红眉黑吻,谓之佛妆。”这里的“黑吻”,也是一种以乌膏涂染的黑唇。

五、唇脂形式

唐代以前,点唇的口脂一般都是装在盒子里的,使用时,需用唇刷刷于唇上,类似于现在的唇彩。唐代时,点唇的唇脂则有了一定的形状。唐人元稹《莺莺传》里有这样一段情节：崔莺莺收到张生从京城捎来的妆饰物品，感慨不已，立即给张生回信。信中有句云："兼惠花胜一合，口脂五寸，致耀首膏唇之饰。"从"口脂五寸"这句话里，可看出当时的口脂，或许已经是一种管状的物体，和现代的口红基本相似了（图 5-6）。

图5-6　唐月宫铜镜[①]

① 唐代月宫镜中，多表现有一株枝繁叶茂的桂树，仪容美丽的嫦娥飞升向上，振袖曼舞，还有白兔握杵捣药和一只跳跃的蟾蜍。

第六章

贴画面饰

第六章
贴画面饰

一、面饰的历史

面饰,就是指面上的饰物。主要分为四种:“额黄”“花钿”“面靥”和“斜红”。中国女子贴画面饰起源很早,周时便已有之,湖南长沙战国楚墓出土的彩绘女俑脸上就点有梯形状的三排圆点;河南信阳楚墓出土的彩绘木俑眼皮之上也点有圆点,当是花钿的滥觞。秦朝“秦始皇好神仙,常令宫人梳仙髻,贴五色花子,画为云凤虎飞升”[①]。这里的花子便是花钿的另一种称呼。这些记载说明,至少在中国秦代,面饰已经是女子饰容的一种很常见的手法了。

到了唐代,面饰的使用则达到一个高峰,各种各样的面饰已进入了寻常百姓之家。从唐代仕女画与女俑形象来看,极少有不佩面饰者,造型各异,色彩浓艳,且多为几种面饰同时佩画,可说是唐女面妆中非常有特色的一个方面(图 6–1)。

图6–1　北宋王诜《绣栊晓镜图》,图中一女子对镜端详,镜中映现出女子俊美的面庞

① [晋]崔豹撰,[后唐]马缟集,[唐]苏鹗纂:《古今注》《中华古今注》《苏氏演义》,商务印书馆1956年版。

二、面饰的种类与材料

1. 额黄

（1）妆饰部位

额黄是一种古老的面饰，也称“鹅黄”“鸦黄”“约黄”“贴黄”“宫黄”等。因为是以黄色颜料染画于额间，故名。其俗可能起源于汉代，因明代张萱《疑耀》中曾说：“额上涂黄，亦汉宫妆。” 流行于六朝，至隋唐五代则尤为盛行。它的流行，与魏晋南北朝时佛教在中国的广泛传播有着直接的关系。当时全国大兴寺院，塑佛身、开石窟蔚然成风，妇女们或许是从涂金的佛像上受到了启发，也将自己的额头染成黄色，久之便形成了染额黄的风习，并进而整个面部都涂黄，谓之“佛妆”。

唐代虞世南的《应诏嘲司花女》载：“学画鸦黄半未成，垂肩亸（duǒ）袖太憨生。”唐代卢照邻的《长安古意》曰：“片片行云著蝉鬓，纤纤初月上鸦黄。鸦黄粉白车中出，含娇含态情非一。”五代牛峤的《女冠子》词：“鹅黄侵腻发，臂钏透红纱。”这些诗词中都提到了这种额黄妆。

（2）涂黄方法

从文献记载来看，古代妇女额部涂黄，有两种作法：一种由染画所致；一种为粘贴而成。所谓染画法，就是用画笔蘸黄色染料涂染在额上。粘贴法，与染画法相比则较为简便。这种额黄，是一种以黄色材料制成的薄片状饰物，用时以胶水粘贴于额部。唐代崔液的《踏歌词》中的“翡翠贴花黄”，说的便是这种饰物。

染画法具体画法又有三种：

一种为平涂法，即整个额部全用黄色涂满，如裴虔余的《咏篙水溅妓衣》诗云：“满额鹅黄金缕衣”。

第二种为半涂法，即不将额部全部涂满，仅涂一半，或上或下，然后以清水过渡，呈晕染之状。吴融《赋得欲晓看妆面》诗：“眉边全失翠，额畔

图6-2 额黄妆女子，北齐《校书图卷》局部，扬子华绘，现藏波士顿美术馆

半留黄”即指此。今观传世的《北齐校书图》中的妇女，眉骨上部都涂有淡黄的粉质，由下而上，至发际处渐渐消失，应当是这种面妆的遗形（图 6–2）。

第三种是“蕊黄”，即以黄粉在额部绘以形状犹如花蕊的纹饰。这当属最美的一种额黄妆了。唐代温庭筠便在多首词中提及这种妆饰，如《菩萨蛮》记：“蕊黄无限当山额，宿妆隐笑纱窗隔。”《南歌子》记：“扑蕊添黄子，呵花满翠鬟。”唐张泌在《浣溪纱》一词中也曾提到蕊黄：“小市东门欲雪天，众中依约见神仙，蕊黄香画帖金蝉。”由此可见，蕊黄妆在当时是非常盛行的。

（3）额黄材料

额上所涂的黄粉究竟是何物，文献中并没有明确的答案。从唐代王涯《宫词》云“内里松香满殿开，四行阶下暖氤氲；春深欲取黄金粉，绕树宫女着绛裙”。以及温庭筠“扑蕊添黄子”等诗句看来，或许黄粉就是松树的花粉。松树花粉色黄且清香，确实宜作化妆品用。

至于粘贴而成的额黄，多是用黄色硬纸或金箔剪制成花样，使用时以胶水粘贴于额上的。由于可剪成星、月、花、鸟等形状，故又称“花黄”。南朝梁费昶《咏照镜》诗云：“留心散广黛，轻手约花黄。”陈后主《采莲曲》云：“随宜巧注口，薄落点花黄。”就连北朝女英雄花木兰女扮男装，代父从军载誉归来后，也不忘“当窗理云鬓，对镜贴花黄”（图 6–3）。

木蘭

图6-3　花木兰对镜贴花黄[①]

2. 斜红

（1）妆饰部位

斜红是面颊上的一种妆饰，其形如月牙，色泽鲜红，分列于面颊两侧、鬓眉之间。其形象古怪，立意稀奇，有的还故意描成残破状，犹若两道刀痕伤疤，亦有作卷曲花纹者。其俗始于三国时。南朝梁简文帝《艳歌篇》中曾云：“分妆间浅靥，绕脸傅（敷）斜红。”便指此妆。这种面妆，现在似乎看来不伦不类，但在古时却引以为时髦，这是有原因的。五代南唐张泌

① 花木兰是梁朝商丘人，父亲有病不能从军，被有司所刁难。木兰女扮男装替父戍边十二年，没有人知道她是女子。代父从军载誉归来后，恢复女儿之身。《木兰行》吟颂：“开我东阁门，坐我西阁床。脱我战时袍，着我旧时裳。当窗理云鬓，对镜贴花黄”。这里的花黄即描画成花样的额黄。

《妆楼记》中记载着这样一则故事：魏文帝曹丕宫中新添了一名宫女叫薛夜来，文帝对之十分宠爱。某夜，文帝在灯下读书，四周围有水晶制成的屏风。薛夜来走近文帝，不觉一头撞上屏风，顿时鲜血直流，痊愈后乃留下两道伤痕。但文帝对之仍宠爱如昔，其他宫女见而生羡，也纷起模仿薛夜来的缺陷美，用胭脂在脸颊上画上这种血痕，取名曰“晓霞妆”，形容若晓霞之将散（图 6-4）。久之，就演变成了这种特殊的面妆——斜红。可见，斜红在其源起之初，是出于一种缺陷美。

图6-4　薛夜来误创晓霞妆

（2）描画方法

描斜红之俗始于南北朝时，至唐尤为盛行。许多出土的女俑与仕女绘画中，面部都妆饰有斜红。唐代妇女脸上的斜红，主要分为三种：

第一种也是最常见的一种，即描绘在太阳穴部位，形如一弯弦月。

第二种则状似伤痕，为了造成残破之感，有时还特在其下部，用胭脂晕染成血迹模样。新疆吐鲁番阿斯塔那唐墓出土的泥头木身俑，即作这种妆饰。

第三种为卷曲状斜红，在1928年出土于新疆吐鲁番唐墓的绢画《伏羲女娲图》中，便绘有此种形象。

不过，斜红这种面妆终究属于一种缺陷美，因此自晚唐以后，便逐渐销声匿迹了。

（3）描画材料

描画斜红的材料多为鲜红的胭脂膏或唇脂，比较单纯。

3. 花钿

（1）妆饰部位

花钿（diàn），专指一种饰于额头眉间的额饰，也称“额花”“眉间俏”“花子”等（也泛指面部妆饰）。花钿之俗于先秦时便已有之，至隋唐五代则尤为兴盛。

（2）描画方法

花钿妆饰如额黄一样，也分为染画法和粘贴法。从形象资料看，最为简单的花钿只是一个小小的圆点，颇似印度妇女的吉祥痣。复杂的则以各种材料剪制成各种花朵形状，其中尤以梅花形为多见，也许是承南朝寿阳公主梅花妆的遗意（图6–5）。五代牛峤的《红蔷薇》诗：“若缀寿阳公主额，六宫争肯学梅妆。”《酒泉子》词：“眉字春山样，凤钗低袅翠鬟上，落梅妆。”唐代吴融的《还俗尼》诗中也写道：“柳眉梅额倩妆新，笑脱袈裟得旧身。”均咏的是此种梅花形花钿。

图6–5　落梅成妆的寿阳公主[①]

除梅花形之外，花钿还有各种繁复多变的图案。有的形似牛角，有的状如扇面，有的又和桃子相仿。复杂者则以珠翠制成禽鸟、人物、花卉或楼

① 六朝时特别盛行一种梅花形的花钿，称为“梅花妆”。相传宋武帝刘裕之女寿阳公主，在正月初七日仰卧于含章殿下，殿前的梅树被微风一吹，落下一朵梅花，不偏不倚正落在公主额上，额中被染成花瓣之状，且久洗不掉。宫中其他女子见其新异，遂竞相效仿，剪梅花贴于额，后渐渐由宫廷传至民间，成为一时时尚，故又有“寿阳妆”之称。

台等形象(图 6-6)。更多的是描绘成各种抽象图案,疏密相间,大小得体。这种花钿贴在额上,宛如一朵朵鲜艳的奇葩。

图6-6 金箔花钿(浙江衢州横路宋墓出土)

(3)描画材料

花钿的色彩比额黄要丰富得多。额黄一般只用一色,而花钿则有多色。染画法多是用彩色颜料直接在面部绘制各种图案,所用多为唇脂,黛汁一类较现成的颜料。粘贴法,其色彩通常是由材料本身所决定的。例如以彩色光纸、云母片、鱼骨、鱼鳔、丝绸、螺钿壳、金箔等为原料,制成圆形、三叶形、菱形、桃形、铜钱形、双叉形、梅花形、鸟形、雀羽斑形等诸种形状,色彩斑斓,十分精美。

有一种花钿是用昆虫翅膀制作的。宋代陶谷的《清异录》中记载:“后唐宫人或网获蜻蜓,爱其翠薄,遂以描金笔涂翅,作小折枝花子,金线笼贮养之,尔后上元卖花者取象为之,售于游女。”

其中,最为精彩的是一种“翠钿”,它是以各种翠鸟羽毛制成,整个饰物呈青绿色,清新别致,极富谐趣。“脸上金霞钿,眉间翠钿深”(唐代温庭筠《南歌子》)、“寻思往日椒房叟,泪湿衣襟损翠钿”(五代张太华《葬后见形诗》)、“翠钿金缕镇眉心”(唐张泌《浣溪纱》词)等都是指的这种饰物。

另外,宋时的女子还喜爱用脂粉描绘面靥。宋代高承的《事物纪原》中便记载:“近世妇人妆,喜作粉靥,如月形、如钱样,又或以朱若燕脂点者。”

当时粘贴花钿的胶是一种特制的胶,名呵胶。这种胶在使用时,只需轻呵一口气便发黏。相传是用鱼鳔制成的,黏合力很强,可用来粘箭羽。妇女用之粘贴花钿,只要对之呵气,并蘸少量口液,便能溶解粘贴。卸妆时用热水一敷,便可揭下,十分方便。

4. 面靥

（1）妆饰部位

面靥，又称妆靥。靥指面颊上的酒涡，因此面靥一般指古代妇女施于两侧酒窝处的一种妆饰（也泛指面部妆饰）。古老的面靥名称叫“的”（也称“勺”）。指妇女点染于面部的红色圆点。商周时期便已有之，多用于宫中。早先用作妇女月事来潮的标记。古代天子诸侯宫内有许多后妃，当某一后妃月事来临，不能接受帝王“御幸”，而又不便启齿时，只要面部点“的”，女吏见之便不列其名。汉代刘熙《释名·释首饰》:“以丹注面曰勺。勺，灼也。此本天子诸侯群妾留以次进御，其有月事者止而不御，重（难）于口说，故注此丹于面，灼然为识，女吏见之，则不书其名于第录也。”即说的是此。但久而久之，后妃宫人及舞伎看到面部点“的”有助于美容，于是就打破月事界限而随时着“的”了。“的”的初衷便慢慢被美容的目的所代替，成为面靥的一种，并传入民间。汉代繁钦《弭愁赋》中便写道：“点圆的之荧荧，映双辅而相望。”

（2）描画方法

除了在酒窝处点“的”之外，面靥的形状也并不只局限于圆点，而是各种花样、质地均有。有的形如钱币，称为“钱点”；有的状如杏桃，称为“杏靥”；还有的制成各种花卉的形状，俗称“花靥”。五代欧阳炯的《女冠子》词：“薄妆桃脸，满面纵横花靥。”温庭筠的《归国遥》词中也云：“粉心黄蕊花靥，黛眉三两点。”另外，还有一种制成金黄色小花的花靥，称为“黄星靥”，也称“星靥”，非常流行。唐代段公路《北户录》卷3云：“余仿花子事，如面光眉翠，月黄星靥，其来尚矣。”段成式的《酉阳杂俎》中也写道：“近代妆尚靥，如射月，曰黄星靥。”诗词中也有不少提及这种妆靥的，如“敛泪开星靥，微步动云衣”（唐代杜审言《奉和七夕侍宴两仪殿应制》）、“星靥笑偎霞脸畔，蹙金开襜衬银泥”（五代和凝《山花子》词）。可见，星靥着实流行了一阵。

并且，从魏晋开始，点靥也不局限于仅贴在酒窝处，而是发展到贴满整个面颊了。面靥妆饰愈益繁缛，除传统的圆点花卉形外，还增加了鸟、兽等形象。如有一种草名“鹤子草”，唐代刘恂《岭表录异》中载：“采之曝干，以代面靥。形如飞鹤，翅尾嘴足，无所不具。”有的女子甚至将各种花靥贴得满脸皆是，尤以宫廷妇女为常见。给人以支离破碎之感，故又称为“碎妆”。五代后唐马缟的《中华古今注》便记载道：“至后（北）周，又诏宫人帖（贴）五色云母花子，作碎妆以侍宴。”便指的此种面妆。

关于这种面饰的来历，还有一则美丽的故事。晋人王嘉《拾遗记》卷 8 中写道：“（三国），孙和悦邓夫人，常置膝上。和于月下舞水晶如意，误伤夫人颊，血流污袴，娇姹弥苦。自舐其疮，命太医合药，医曰：‘得白獭髓，杂玉与琥珀屑，当灭此痕。’……和乃命此膏，琥珀太多，及差而有赤点如朱，逼而视之，更益其妍。诸嬖人欲要宠，皆以丹脂点颊，而后进幸。妖惑相动，遂成淫俗。”（图 6–7）

图6–7　邓夫人舐疮反益其容

（3）描画材料

至于面靥的材料，和花钿是一样的，千奇百怪，无奇不有。其实两者本身也并没有很严格的界限，都可以泛指妇女的面饰，只是为了叙述清楚，才分开来写。

例如团靥，它是一种以黑光纸剪成的圆点，贴于面部作为面靥。此外，更有讲究者，在此“团靥”之上，还镂饰以鱼鳃之骨，称为“鱼媚子”，贴于额间或面颊两侧。此种古怪的面饰在宋代淳化年间大为流行。《宋史 · 五行志三》中对此有详细的记载：“京师里巷妇人竞剪黑光纸团靥，又装镂鱼鳃中骨，号‘鱼媚子’，以饰面。黑，北方色；鱼，水族，皆阴类也。面为六阳之首，阴侵于阳，将有水灾。明年，京师秋冬积雨，衢路水深数尺。”把面饰与水灾联系起来，当然是古时的迷信，但也预示着这种奇特面饰的生命力不会长久，只是人们一时新奇的产物。

再如玉靥，以珠翠珍宝制成，多为宫妃所戴。翁元龙在《江城子》一词中便有咏叹：“玉靥翠钿无半点，空湿透，绣罗弓。”元好问在元曲中也曾咏有：“梅残玉靥香犹在，柳破金梢眼未开。”若观形象资料，《宋仁宗皇后像》中的皇后与其侍女的眉额脸颊间便都贴有以珍珠制成的面靥（图 6–8）。

图6–8　台北故宫博物院藏《宋仁宗皇后像》，图中的皇后和侍女均面贴珍珠做成的宝靥

辽代契丹族女子还有一种鱼形的面花。清代厉鹗的《辽史拾遗》中载：“《嘉祐杂志》曰：‘契丹鸭喙水牛鱼膘，制为鱼形，赠遗妇人贴面花。’”

第七章

染　甲

第七章
染　甲

中国古代女性修饰双手，除了保持手本身肌肤的柔软与白皙外，还有一项很重要的工序便是修饰指甲了。拥有一副美丽的指甲，不仅可以使双手变得修长挺拔，而且还可以为双手增“色”不少！（图 7–1）

图7–1　北京故宫博物院藏《慈禧写真像》

一、染甲的历史

染甲最早见于典籍的时间，当推唐代。唐人吴仁璧就曾写过一首吟咏凤仙花的诗："香红嫩绿正开时，冷蝶饥蜂两不知。此际最宜何处看，朝阳初上碧梧枝。"（《凤仙花》）唐代宇文氏《妆台记》中也有染甲的记载："妇人染指甲用红，按《事物考》：'杨贵妃生而手足爪甲红，谓白鹤精也，宫中效之。'而张祜的："十指纤纤玉笋红，雁行斜过翠云中"，更是把染红的十指写得惟妙惟肖。"（图 7-2）

图7-2　杨贵妃生而手足爪甲红[1]

---

① 杨贵妃，四川人氏，名玉环，是一位传奇式的古代美人。典故有"环肥燕瘦"，她和汉成帝时的赵飞燕一起成为古代美女的两个不同类型的代表。杨玉环原是唐玄宗的儿媳，武惠妃病逝后，由高力士推荐入宫，唐玄宗因顾忌名分，不能直接将儿媳妇纳入宫中，于是以追荐太后为名，度她为女道士，住太真宫修道。天宝四年，玄宗正式册封她为贵妃，以其惊人的魅力赢得了"三千宠爱在一身，六宫粉黛无颜色"的专宠。《事物考》云："杨贵妃生而手足爪甲红，谓白鹤精也，宫中效之。"固然有杜撰的成分，但可看出杨贵妃美貌的确非同寻常，故后人才不惜加以演绎夸张。

二、染甲品的种类

1. 风仙花

古时人们染指甲主要用的是一种叫凤仙花的植物(图 7-3)。《本草纲目 · 草部》卷 17 载:“凤仙,又名金凤花、小桃红、染指甲草……其花头翅尾足,具翘翘然如凤状,故以名之。女人采其花及叶包染指甲。”明代瞿佑《剪灯新话 · 壁上提诗》中便云:“要染纤纤红指甲,金盆夜捣凤仙花。”元代杨维桢《铁崖诗集 · 庚集》也有:“夜捣守宫金凤蕊,十指尽换红鸭嘴。闲来一曲鼓瑶琴,数点桃花泛流水。”都形象的描写出了用凤仙花染甲的事实。

图7-3 凤仙花,古时人们染指甲用的主要植物

凤仙花是如何染甲的,宋代周密的《癸辛杂识 · 续集上》有明确记载:即把凤仙花捣烂,加入少许明矾,把汁液敷在指甲上,然后用布包裹好过

夜，转天便着色，反复数次，则红艳透骨，经久不褪。[①]

2. 指甲花

当然，可染指甲的花也并非凤仙花一种，李时珍《本草纲目 · 草部》卷 14 中载有："指甲花，有黄、白二色，夏月开，香似木樨，可染指甲，过于凤仙花。" 可见指甲花比凤仙花染甲的效果更好。唐段公路《北户录》卷 3 中指出："指甲花，细白色。绝芳香，今蕃人重之……皆波斯移植中夏。" 可见指甲花并非我国原产，故可能普通百姓不易见到，因此，古代女子染甲普遍使用的仍以凤仙为多。

从唐代往后，各个朝代的女子皆有染甲的喜好。"丹枫软玉笋梢扶，猩血春葱指上涂。"（周文质《赋妇人染红指甲》）"玉纤弹泪血痕封，丹髓调酥鹤顶浓。金炉拨火香云动，风流千万种。捻指甲娇晕重重，拂海棠稍头露。按桃花扇底风，托香腮数点残红。"（张可久《红指甲》）首首洋溢着人们对女子美丽双手的无限赞美之情。明清时期咏指甲的诗词更是不少，如李昌祺的"纤纤软玉削春葱，长在香罗翠袖中。昨日琵琶弦索上，分明满甲染猩红。"（《剪灯馀话》）、"金凤花开血色鲜，佳人染得指尖丹。"（《名物通》载《染指尖》诗）等，数不胜数。染指甲已经成了女子妆容术中不可缺少的一项了。

在指甲修饰初期的时候，人们坚持自然美的原则，只涂淡淡的红色，但到了 20 世纪以后，化学工业得到了长足的发展，快速干燥的亮漆技术被研制出来以后，就立即应用到了指甲油的改革之上。于是，能让女性的指甲宝石般闪亮的指甲油就诞生了。血红色的指甲油开始大大流行，从此以后，指甲以自然为美的观念被打破了，各种淡红、粉红、大红、紫红以及绿色、金色、银色、甚至黑色，白色，无色透明等等各种形式的指甲油应运而生，把女性的双手装饰得光怪陆离，异彩纷呈（图 7–4）。

---

① [宋]周密：《癸辛杂识》，中华书局1988年版。

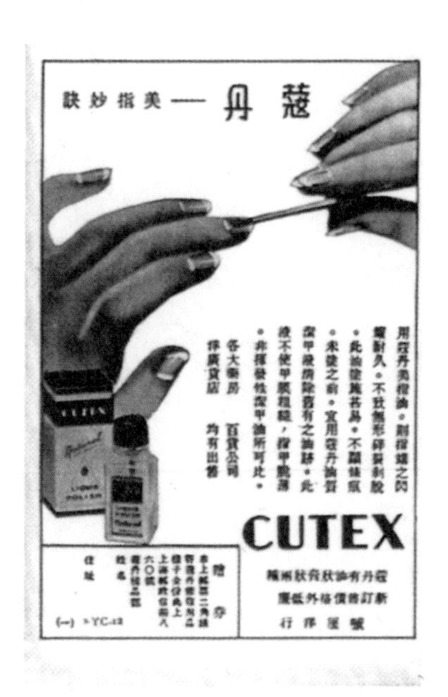

图7-4　20世纪初威厘洋行丹蔻化妆品广告

而且,对指甲的装饰方法也可谓日益考究,除平涂之外,还可以描绘各种图纹。美甲的艺术体现也从平面的饰花、贴花、彩色喷花、转向立体彩绘,幻彩指甲等。

第八章

妆容美学及代表妆型

第八章
妆容美学及代表妆型

一、中国古代女子妆容美学

对于女性来说，要想变得更美，首先想到的一定是如何化妆与修饰。正所谓“善毛嫱、西施之美，……用脂泽粉黛则倍其初。”化妆修饰的确对于美化仪容有着非常重要的作用。但中国古人对于女子修饰中“度”的把握是很看重的。明末清初文人卫泳在《悦容编》中对此有非常精彩的论述：

“饰不可过，亦不可缺。淡妆与浓抹，惟取相宜耳。首饰不过一珠一翠一金一玉，疏疏散散，便有画意。如一色金银簪钗行列，倒插满头，何异卖花草标。”

也就是说，女子妆容修饰一定要与她的身份、体型及时令、场合相适宜，如果一味追求珠光宝气，反而会显得俗不可耐。清代大文人李渔在他的《闲情偶记》中对此则有着更为精到的见解：假若佳人一味的“满头翡翠，环鬓金珠”，则“但见金而不见人，犹之花藏叶底，月在云中”“是以人饰珠翠宝玉，非以珠翠宝玉饰人也”。因此女子一生中，戴珠顶翠的日子只可一月，就是新婚之蜜月，这也是为了慰藉父母之心。过了这一月，就要坚决地摘掉这珠玉枷锁，“一簪一珥，便可相伴一生。此二物者，则不可不求精善”。平常的日子里，一两件首饰就足矣了，但这一两件却一定要做工精细，工巧别致。如此方能既不为金玉所累，又能起到画龙点睛之美的功效。

纵观中国古代化妆史，那些妖艳的妆容或被列为服妖加以禁止，或仅仅局限于宫掖青楼所为，而薄施朱粉，浅画双眉的“薄妆”、“素妆”与“淡妆”才始终是女子化妆的主流（图 8–1）。战国宋玉的神女是“嫷披服，侻薄装（妆）”[①]；宋代的嫔妃亦是“妃素妆，无珠玉饰，绰约若仙子”[②]；元曲中也有“缥缈见梨花淡妆，依稀闻兰麝余香”[③]的咏叹；甚至以图绘宫廷富贵著称的唐代著名人物画家周昉的“绮罗美人”也是“髻重发根急，薄妆无意添。”[④]中国这种崇尚清水出芙蓉般的淡雅妆容特色，相对于西方从 16 世纪开始流行的“厚妆”风格，可谓有着天壤之别。“厚妆”为了掩盖脸上的瑕疵，要在脸上涂上极

图8–1 《嫦娥执桂图》[⑤]

---

① [战国]宋玉：《神女赋》。
② [南宋]王明清：《挥麈后录》。
③ [元]郑光祖：《蟾宫曲·梦中作》。
④ [北宋]黄庭坚：题李亮功家周昉画美人琴阮图。
⑤ 在中国古代的仕女中，“薄妆”一直是面妆的主流。清新、雅致、干净、纯洁，犹如出水之芙蓉，带雨之梨花。这是明代大画家唐伯虎所绘的《嫦娥执桂图》，其清新的面容，修长的凤眼，尽显中国女子的温婉和妩媚。

其厚重的粉底，为了弥补失去肌肤透明感的遗憾，需要人为的在太阳穴、脖子和胸部等部位绘制上静脉的青色纹理，并浓绘眼妆和唇妆。很明显，西方的厚妆已不是对脸的修饰，而是对脸的再造（图 8–2）。而中国女子的“薄妆”则正如孔子的“绘事后素”观，修饰必须在素朴之质具备以后才有意义，它强调的是对人本真的自然美的诠释与显现。素朴之美是其本，化妆修饰是其表，切不可本末倒置。

图8–2 蓬巴杜夫人肖像[①]

当然，为了彰显本真之美，中国女人很注重对自我内在的保养。中国古代尽管彩妆上不尚浓艳，但养颜术与养颜用品却是非常发达的。从洗面的澡豆、洗发的膏沐、乌发的膏散、润发的香泽、润唇的口脂、香身的花露与膏

① 欧洲流行的“厚妆”，不仅仅体现在浓艳的妆容上，而是整体服饰形象的综合。这是法国洛可可画家布歇绘制的蓬巴杜夫人肖像，她是法国国王路易十五的情妇，当时的社交界名媛。她浓重的胭脂和遍布全身的花团锦簇可谓“厚妆”的典型。

丸、护肤的面脂与面药、护手的手脂与手膏，到疗面疾与助生发的膏散丹丸，可谓应有尽有。大部分配方在中国历代的经典医书里都可以找到，可见中国女子的养颜术是和中医紧密联系在一起的，这就为中国女子的养颜提供了一种科学的保障。再加上中医讲究的是“防病于未然”，重视“固本培元”“起居有常”，注重身体内部根基的培植和与外在世界的和谐，就使得中国美人的美是一种依托于内在的质的闪烁，而不是依靠外在的修饰之功。

在妆容修饰的方法上，中国古典美人也自有自己的原则。其在观念上和西方最大的不同就在于对眼妆的态度。中国女人对画眉和胭脂情有独钟，而独独对眼睛的修饰却少之又少（图 8–3）。在历代仕女画中，我们很难寻觅到对眼睛的刻意修饰，全然一派“素眼朝天”。而且，在文学作品中歌咏美

图8–3　唐代《弈棋仕女图》（新疆吐鲁番阿斯塔娜187号墓出土）[①]

① 中国李唐王朝是鲜卑族起家，因此其文化中含有浓重的胡风成分，不仅体现在对女性丰肥体态的追逐上，也是中国历史上最重浓艳“红妆”的朝代。但即使如此，“素眼朝天”依然是不变的追求。

图8-4 《仕女画像》（希腊克里特文明遗址出土）[①]

目，也多赞颂其神态之美，而绝少提及描画之事。如“巧笑倩兮，美目盼兮”“眸子炯其精朗兮，瞭多美而可观”“两弯似蹙非蹙笼烟眉，一双似喜非喜含情目”等。西方女子则不然，欧洲由于受古埃及文明的影响比较深远，自古希腊时起就极重眼妆，流行描黑眼眶，以此让自己看起来清晰而性感（图8-4）。细究中国古代的这种眼妆习俗，其实和中国人种的特点有很大关系。中国人属于典型的蒙古利亚人种，天生多为单眼皮。所以不论从文学作品，还是传世画作来看，美女多为一双细长的丹凤眼。像汉代美后张嫣便是“蛾眉凤眼，蝤领蝉鬓”，曹雪芹笔下的王熙凤也是“一双丹凤三角眼，两弯柳叶吊梢眉”。画过妆的女性都应该知道，单眼皮由于上眼睑较厚，要想靠薄妆来画大是很难的，只有画长尚有可能。所以中国古典女子的眼睛往往是贵长不贵大，靠眼波流转来传情达意。而且，由于中国人的五官不像西方人那样棱角分明，相对比较平整和顺，所以细长的单凤眼其实是与整体的形象最为和谐的一种眼形，也是体现东方典雅美与含蓄美的特有元素。你看，那端庄静穆的佛陀，哪一个不是凤眼微睁，颔首微笑！

除了不重眼妆之外，中国女性在唇妆上也独树一格，自先秦至晚清，一直流行以娇小浓艳为美，俗称“樱桃小口”。正所谓“歌唇清韵一樱多”（宋代赵德麟《浣溪沙》），“唇一点小于朱蕊”（宋代张子野《师师令》），“注樱桃一点朱唇”（元代徐琬《赠歌者吹箫》）。唐代岑参《醉戏窦子美人》诗中便有一描写美唇的名句：“朱唇一点桃花殷。”形容美人的双唇不仅娇小，而

① 欧洲女子受古埃及影响，对眼妆非常重视。流行浓重的眼线，这与她们起伏明显的五官和“厚妆”的整体风格是协调的。

且如桃花一般殷红鲜润，虽美艳但又不失东方女性特有的含蓄与内敛（图8-5）。而西方则正好相反，其海洋民族张扬的性情追求女性外显的性感，因此西方女性追求饱满而丰润的双唇，导致很多大嘴美女广受追捧，如电影明星茱莉亚 · 罗伯茨（图 8-6）、玛丽莲 · 梦露，都是因一双性感丰润的双唇而长盛不衰。中国女子开始流行眼妆和大胆的依据原有唇形描画口红则是始于民国中期，由于西风东渐，才渐渐移风易俗的。

图8-5　清代仕女画家改琦的《秋风执扇图》

图8-6　大嘴美女茱莉亚·罗伯茨

二、中国古代代表妆型介绍

中国古代女性尽管总体上流行薄妆，但典籍中记载的各种妆型，依然不计其数。以下择其代表妆型，介绍给读者，以略加领略中国古代妆容文化之大千。

1. 慵来妆

衬倦慵之美，薄施朱粉，浅画双眉，鬓发蓬松而卷曲，给人以慵困，倦怠之感，相传始于汉成帝时，为成帝之妃赵合德所创。汉代伶玄《赵飞燕外传》:“合德新沐，膏九曲沉水香。为卷发，号新髻；为薄眉，号远山黛；施小朱，号慵来妆。”后来唐代妇女仍喜模仿此饰，多见于嫔妃宫妓。

2. 红粉妆

顾名思义，即以胭脂、红粉涂染面颊，秦汉以后较为常见，最初多用红粉为之。《古诗十九首》之二便写道：“娥娥红粉妆，纤纤出素手。”汉代刘熙《释名 · 释首饰》:“赪粉，赪，赤也，染粉使赤，以着颊也。”汉代以后多用胭脂。其俗历代相袭，经久不衰。

3. 白妆

即以白粉敷面，两颊不施胭脂，追求一种素雅之美。《中华古今注》卷中云 :“梁天监中，武帝诏宫人梳回心髻，归真髻，作白妆青黛眉。”唐代刘存《事始》中载 :“炀帝令宫人梳迎唐髻，插翡翠子，作白妆。”不过，这种白妆也只是女子一时新奇，偶尔为之。因为一般情况下，白妆是民间妇女守孝时的妆束。白居易便曾为此赋诗 :“最似孀闺少年妇，白妆素袖碧纱裙。”(图 8–7)

图8–7　白妆，唐代周昉《簪花仕女图》

4. 紫妆

紫妆是以紫色的粉拂面，最初多用米粉、胡粉掺葵子汁调和而成，呈浅紫色。相传为魏宫人段巧笑始作，南北朝时较为流行。晋代崔豹《古今注》卷下中载有："魏文帝宫人绝所爱者，有莫琼树、薛夜来、田尚衣、段巧笑四人，日夕在侧。……巧笑始以锦衣丝履，作紫粉拂面。"至于巧笑如何想出以紫粉拂面，根据现代化妆的经验来看，黄脸者，多以紫色粉底打底，以掩盖其黄，这是化妆师的基本常识。由此推论，或许段巧笑正是此妙方的创始人呢！

5. 墨妆

墨妆始于北周，即不施脂粉，以黛饰面。《隋书 · 五行志上》载："后（北）周大象元年……朝士不得佩绶，妇人墨妆黄眉。"唐宇文氏《妆台记》中也载："后（北）周静帝，令宫人黄眉墨妆。"可见墨妆必与黄眉相配，也是有色彩的点缀。这里的以黛饰面，不知是否为整个脸上涂黛，还是仅一部分涂黛，但据明张萱《疑耀》卷3中所载："后周静帝时，禁天下妇人不得用粉黛，令宫人皆黄眉黑妆。黑妆即黛，今妇人以杉木灰研末抹额，即其制也。"可知明时的黑妆是以黑末抹额，北周的墨妆或许也是如此罢。

6. 啼妆

啼妆指的是以油膏薄拭目下，如啼泣之状的一种妆式，流行于东汉时期。《后汉书 · 梁冀传》言："（冀妻孙）寿色美而善为妖态，作愁眉啼妆、堕马髻、折腰步，龋齿笑，以为媚惑。"此举影响很大，"至桓帝元嘉中，京都妇女作愁眉，啼妆……京都歙然，诸夏皆放（仿）效。此近服妖也。"由此还产生了一个新的词语——"愁蛾"，后世常用以形容女子发愁之态，谓之愁蛾紧锁。魏晋南北朝依然沿袭。南朝梁何逊《咏七夕》诗中便云："来观暂巧笑，还泪已啼妆。"梁简文帝《代旧姬有怨》诗中也云："怨黛愁还敛，啼妆拭更垂。"

7. 徐妃半面妆

顾名思义，即只妆饰半边脸面，左右两颊颜色不一。相传出自梁元帝之妃徐氏之手。《南史 · 梁元帝徐妃传》中载："妃以帝眇一目，每知帝将至，必为半面妆以俟。帝见则大怒而出。"徐妃如此大胆，在封建社会实属罕见，这种妆饰仅属个别现象，当为前无古人，后无来者了。

8. 仙蛾妆

仙蛾妆即一种描画连心长眉的妆饰手法，流行于魏晋南北朝时期。《妆台记》中叙："魏武帝令宫人扫黛眉，连头眉，一画连心细长，谓之仙蛾妆；齐梁间多效之"。

9. 酒晕妆

酒晕妆亦称"晕红妆""醉妆"。这种妆是先施白粉，然后在两颊抹以浓重的胭脂，如酒晕然。唐代宇文氏《妆台记》中写得很是清楚："美人妆，面既傅（敷）粉，复以胭脂调匀掌中，施之两颊，浓者为'酒晕妆'。"其通常为青年妇女所作，流行于唐和五代。《新五代史 · 前蜀 · 王衍传》中便载："后宫皆戴金莲花冠，衣道士服，酒酣免冠，其髻髽然；更施朱粉，号'醉妆'，国中之人皆效之。"（图 8-8）

图8-8　酒晕妆（陕西西安西北政法学院34号墓出土唐俑）

唐代是一个崇尚富丽的朝代，因此，此类浓艳的“红妆”是此时最为流行的面妆。不分贵贱，均喜敷之。唐代李白的《浣纱石上云》诗云：“玉面耶溪女，青蛾红粉妆。”崔颢《杂诗》中也有：“玉堂有美女，娇弄明月光。罗袖拂金鹊，彩屏点红妆。”唐代董思恭的《三妇艳诗》中同样写有：“小妇多恣态，登楼红粉妆。”就连唐代第一美女杨贵妃也一度喜着红妆。五代王仁裕在《开元天宝遗事》上便记载：“（杨）贵妃每至夏日，……每有汗出，红腻而多香，或拭之于巾帕之上，其色如桃红也。”唐代妇女的红妆，实物资料非常之多，有许多红妆甚至将整个面颊，包括上眼睑乃至半个耳朵都傅（敷）以胭脂，无怪乎不仅会把拭汗的手帕染红，就连洗脸之水也会犹如泛起一层红泥呢。王建的《宫词》中就曾有过生动的描述：“舞来汗湿罗衣彻，楼上人扶下玉梯。师到院中重洗面，金盆水里拨红泥。”

10. 桃花妆

桃花妆为比酒晕妆的红色稍浅一些的面妆，其妆色浅而艳如桃花，故名。唐代宇文氏的《妆台记》：“美人妆，面既傅粉，复以胭脂调匀掌中，施之两颊，浓者为‘酒晕妆’；淡者为‘桃花妆’。”此种妆流行于隋唐时期，同样多为青年妇女所饰。宋代高承的《事物纪原》中便记载：“隋文宫中红妆，谓之桃花面。”（图 8-9）

图8-9　桃花妆（唐代《宫乐图》）

11. 飞霞妆

一种比桃花妆更淡雅的红妆。这种面妆是先施浅朱，然后以白粉盖之，有白里透红之感。因色彩浅谈，接近自然，故多见于少妇使用。唐代宇文氏的《妆台记》：“美人妆，面既傅(敷)粉，复以胭脂调匀掌中，施之两颊，浓者为'酒晕妆'；淡者为'桃花妆'；薄薄施朱，以粉罩之，为'飞霞妆'。"（图 8-10）

图8-10　飞霞妆（唐代张萱《捣练图》）

12. 时世妆

流行于唐代天宝年间的一种胡妆，即从少数民族地区传播来的一种具有异域风情的妆型。唐代的白居易曾为此专门赋诗一首："时世妆，时世妆，出处城中传四方。时世流行无远近，腮不施朱面无粉。乌膏注唇唇似泥，双眉画作八字低。妍媸黑白失本态，妆成尽似含悲啼。圆鬟无鬓椎髻样，斜红不晕赭面状。……元和妆梳君记取，椎髻面赭非华风。"从这首诗中，我们可以看出，此时的妆饰已然成配套之势，是由发型、唇色、眉式，面色等等所构成的整套妆饰。这里的赭面是指以"褐粉涂面"，是典型的胡妆。近人陈寅恪在其所著《元白诗笺证稿》中，对白氏的"椎髻赭面非华风"作按语曰："白氏此诗谓赭面非华风者，乃吐蕃风气之传播于长安社会者也……贞元、元和之间，长安五百里外，即为唐蕃边疆，……此当日追摹时尚之前进分子所以仿效而成此蕃化之时世妆也。"又对其《城盐州》篇"君臣赭面有忧色"句作按语曰："《旧唐书》卷 196《吐蕃传》上云：'文成公主恶其人赭面，(弃宗)弄赞令全国中权且罢之。'敦煌写本法成译如来像法灭尽之记中有赤面国，乃藏文 kha-mar 之对译，即指吐蕃而言，盖以吐蕃有赭面之俗故也。"

13. 血晕妆

唐代长庆年间京师妇女中流行的一种面妆。以丹紫涂染于眼眶上下，故名。《唐语林 · 补遗二》中载有：“长庆中，京城……妇人去眉，以丹紫三四横约于目下，谓之血晕妆。”

14. 北苑妆

这种面妆是缕金于面，略施浅朱，以北苑茶花饼粘贴于鬓上。这种茶花饼又名“茶油花子”，以金箔等材料制成，表面缕画各种图纹。流行于中唐至五代期间，多施于宫娥嫔妃。唐代冯贽的《南部烟花记》中便有详细记载：“建阳进茶油花子，大小形制各别，极可爱。宫嫔缕金于面，皆以淡妆，以此花饼施于鬓上，时号北苑妆。”亦有将茶油花子施于额上的，作为花钿之用。

15. 泪妆

流行于唐宋时期，是以白粉抹颊或点染眼角，如啼泣之状，多见于宫掖。五代王仁裕在《开元天宝遗事》卷下中载：“宫中嫔妃辈，施素粉于两颊，相号为泪妆，识者以为不详，后有禄山之乱。”《宋史 · 五行志三》中也载：“理宗朝，宫妃……粉点眼角，名‘泪妆’。”

16. 檀晕妆

这种面妆是先以铅粉打底，再敷以檀粉（即把铅粉与胭脂调合在一起），面颊中部微红，逐渐向四周晕染开，是一种非常素雅的妆饰。而且，以浅赭色薄染眉下，四周均呈晕状的一种面妆也称为“檀晕妆”，唐宋两代都很流行。明代陈继儒在《枕谭》中曾经记载：“按画家七十二色，有檀色、浅赭所合，妇女晕眉似之，今人皆不知檀晕之义何也。”可见，这种面妆到明代便已经失传了。

17. 佛妆

辽代契丹族妇女的一种非常奇特的面妆，以栝蒌等黄色粉末涂染于颊，经久不洗，既具有护肤作用，又可作为妆饰，多施于冬季，因观之如金佛之面，故称为“佛妆”。北宋叶隆礼在《契丹国志》中便记载有：“北妇以黄物涂面如金，谓之‘佛妆’。”朱彧的《萍洲可谈》卷 2 中也载：“先公言使北时，使耶律家车马来迓，毡车中有妇人，面涂深黄，红眉黑吻，谓之佛妆。”可见与面涂黄相搭配的还有眉妆和唇妆，其整体共同构成为佛妆。宋代彭汝砺曾赋有一首非常谐趣的诗，表达了宋人与辽人面妆观念的差异。诗是这样写的：“有女夭夭称细娘（辽时称有姿色的女子为细娘），珍珠络臂面涂黄。南人见怪疑为瘴，墨吏矜夸是佛妆。”把辽女的“佛妆”误以为是得了“瘴病”，读起来令人忍俊不禁。

18. 梅花妆

一种以梅花形花钿妆面的妆容造型。相传宋武帝刘裕之女寿阳公主，在正月初七日仰卧于含章殿下，殿前的梅树被微风一吹，落下一朵梅花，不偏不倚正落在公主额上，额中被染成花瓣之状，且久洗不掉。宫中其他女子见其新异，遂竞相效仿，剪梅花贴于额，后渐渐由宫廷传至民间，成为一时时尚，故又有“寿阳妆”之称。自从梅花妆出现，便一直吸引着女人们的注意力，也成为无数文人骚客诗词中永不厌倦的题材。在宋代，咏叹梅妆的诗词非常之多。“小舟帘隙，佳人半露梅妆额。”（宋代江藻《醉落魄》）“晓来枝上斗寒光，轻点寿阳妆。”（宋代李德载《眼儿媚》）“寿阳妆鉴里，应是承恩，纤手重匀异重在。”（宋代辛弃疾《洞仙歌 · 红梅》）“蜡烛花中月满窗，楚梅初试寿阳妆。”（宋代毛滂《浣溪纱 · 月夜对梅小酌》）“茸茸狸帽遮梅额，金蝉罗翦胡衫窄。”（宋代吴文英《玉楼春 · 京市舞女》）“深院落梅钿，寒峭收灯后。”（宋代李彭老《生查子》）等，均为咏叹梅花妆的词句。而其中最著名的当属大才子欧阳修的那句“清晨帘幕卷轻霜，呵手拭梅妆。”有佳人的衷情，才子们才会咏叹；而有了才子的咏叹，佳人自会更加衷情，梅花妆之流行程度可见一斑了。

19. 鱼媚子

鱼媚子是宋代的一种比较怪异的面饰。首先，以黑光纸剪成圆点，贴于面部作为面靥，称为“团靥”；然后，在其上，再镂饰以鱼腮之骨，便称为“鱼媚子”，贴于额间或面颊两侧。此种古怪的面饰在宋代淳化年间大为流行。《宋史 · 五行志三》中对此有详细的记载:“京师里巷妇人竞剪黑光纸团靥,又装镂鱼腮中骨,号‘鱼媚子’,以饰面。黑,北方色;鱼,水族,皆阴类也。面为六阳之首,阴侵于阳,将有水灾。明年,京师秋冬积雨,衢路水深数尺。”把面饰与水灾联系起来,当然是古时的迷信,但也预视着这种奇特面饰的生命力不会长久,只是人们一时新奇的产物。

20. 乞丐妆

晚清时流行于贵族间的一种奇异妆束,当时被称为“服妖”,和现代人的“乞丐妆”同出一辙。在清代无名氏《所闻录 · 衣服妖异》中有详细记载:“光绪中叶,辇下王公贝勒,暨贵游子弟,皆好作乞丐状。争以寒气相尚,不知其所仿。初犹仅见满洲巨事,继而汉大臣子弟,亦争效之。……犹忆壬辰夏六月,因京师熇暑特甚,偶至锦秋墩逭暑,见邻坐一少年,面脊黧黑,盘辫于顶,贯以骨簪,袒裼赤足,破裤草鞋,皆甚污旧;而右拇指,穿一寒玉班指,值数百金,……俄夕阳在山,……则见有三品官花令、作侍卫状两人,一捧帽盒衣包,一捧盥盘之属,诣少年前……少年竦然起,取巾靧面,一举首则白如冠玉矣。盖向之黧黑乃涂煤灰也。……友人哂曰:‘君不知辇下贵家之风气乎?如某王爷、某公、某都统、某公子,皆作如是装。’”

21. 开脸

在明清时期江浙一带,女子在出嫁之前两三日要请专门的整容匠用丝线绞除脸面上的汗毛,修齐鬓角,称为“开脸”,亦称“剃脸”“开面”“卷面”等。也属于妇女的一种妆饰习俗。明代凌濛初在《二刻拍案惊奇》中写道:“这个月里拣定了吉日,谢家要来娶去。三日之前,蕊珠要整容开面,郑家老儿去唤整容匠。原来嘉定风俗,小户人家女人篦头剃脸,多用着男人。”西周生的《醒世姻缘传》中也有描写:“素姐开了脸,越发标致的异样。”《红楼梦》中的香菱嫁给薛潘之前,也是:“开了脸,越发出挑的标致了。”可见,开了脸的女子当是人生最美丽的时刻,也是一种由姑娘变成妇人的标志。

开脸的具体方法是这样的：用一根棉线浸在冷水里，少顷取出。脸部敷上细粉（不用乳脂），于是将线的一端用齿啮住，另一端则拿在右手里。再用左手在线的中央绞成一个线圈，用两个指头将它张开。线圈贴紧肌肤，更用右手将线上下推送。这动作的功效犹如一个钳子，可将脸上所有的汗毛尽数拔去。如果开脸者的技术是高明的，那会和用剃刀一样的不会引起痛苦。在有些地方（如浙杭一带），除婚前开脸外，婚后若干时必须再行一次，俗称"挽面"。有些地方则在婚后需要时可随意实行，绝无拘束。直至近现代部分农村地区仍保有这种习俗。例如，在如今的海南新安村，"开脸"便是这里尚存的古风之一。这里有些老年女人每月开一次脸，开脸实际上已经成为她们的一种享受。但尚未出阁的女子想要拔除脸上的汗毛，却是一桩大悖礼教的事（图 8-11）。

图8-11　妆容典雅的末代皇后婉容

第九章

护肤与护发

第九章
护肤与护发

一、中国古代的护肤方法

前面我们介绍的都是有关女子修饰容貌的妆品和方法。修容固然重要,但毕竟是人力所为,“人力虽巧,难拗天工”,大文人李渔早在几百年前便已看透这一点。

在李渔的眼里,女子要称为美丽,首先便是要有一身雪白的肌肤。民间俗语称:“一白遮三丑”“《诗》不云乎‘素以为绚兮’? 素者,白也。妇人本质,惟白最难。”他在他的《闲情偶寄》里把女子的天生白皙与后天修饰形象地比喻成染匠之受衣:“有以白衣使漂者,受之,易为力也;有白衣稍垢而使漂者,亦受之,虽难为力,其力犹可施也;若以既染深色之衣,使之剥去他色,漂而为白,则虽什佰其工价,必辞之不受。”白净的布料,容易上色;同样,有一个肌肤的好底子,再施以描画之工也就容易多了(图9-1)。

图9-1 明唐寅《孟蜀宫伎图》肤如凝脂,洁白如玉

其次,肌肤只是白皙还不甚足,要想“受色易”,还须细嫩。对此,他

又作了一个比喻："肌肤之细而嫩者，如绫罗纱绢，其体光滑，故受色易，褪色亦易，稍受风吹，略经日照，则深者浅而浓者淡矣。粗者如布如毯，其受色之难，十倍于绫罗纱绢，至欲退之，其工又不止十倍，肌肤之理亦若是也。"也就是说，要想妆色上得漂亮，除了白皙外，肌肤拥有一个好的质感也是不可或缺的（图 9-2、图 9-3）。

图9-2　夭桃女子戈小娥[①]

图9-3　唐代周昉《簪花仕女图》局部，展现了唐代宫中贵妇洁白丰润的脸庞，一看就知保养得极好

① 戈小娥是元顺帝的嫔妃，端庄温柔，嫡淑可人，因拥有一身丝缎般光洁滑腻的皮肤而深受元顺帝宠爱。《元史》记载："顺帝的妃子戈小娥，白里透红，沾水更如桃花含露，增添其美艳。顺帝说：'真是个夭桃女子啊！'因而叫她'蹇桃夫人'，宠爱有加。"夭桃，出自《诗经》："桃之夭夭，灼灼其华。"比喻少女年轻美丽。据说，戈小娥本来天生丽质，又常以香水沐浴，故而皮肤愈加显出白里透红。清末画家马骀《美人百态画谱》为戈小娥写像，并题诗咏曰：嫩白轻红巧弄姿，舞衫摇曳步迟迟。桃花曾作夫人号，输与婷婷浥露枝。

由此可见，对于女性来说，护肤相比之化妆，就显得更为重要。否则即使是精心地浓妆艳抹，最终也只能落得个“只可远观而不可近玩焉”的评价。因此，自古以来，有关美肤、护肤的妆品和方法也就层出不穷，比比皆是了。

1. 洁面

美容护肤，清洁永远是第一位的。因此，洁面用品自不能马虎。那么，最早的洁面用品是什么呢？段注引《礼记·内则》云：“面垢，燂(tán)潘请靧(huì)。”陆德明释文：“燂，温也；潘，淅米汁；靧，洗面。”这告诉我们，先秦时期人们洁面用的是温热的淘米水，利用其中的碱性成分脱去污垢。这恐怕应是最早的，也是最简单的一种清洁用品了。后来，老百姓最常用的一种清洁用品，是把植物肥皂荚、猪胰子和天然碱捣烂，混合制成块，民间称之为“胰子”，也就是我们通常所说的肥皂。

再之后，随着科技的发展与人们生活质量的提高，清洁用品的制作也是越来越讲究。唐代孙思邈的《千金翼方》论曰：“面脂、手膏、衣香、澡豆，士人贵胜皆是所要。”这里提到的澡豆便是其中最考究的一种。澡豆是类似于今日香皂的洗面粉，原以豆沫和诸药制成，故名。在化妆前用澡豆洗面乃至洗身，可以洗涤污垢，保健肌肤，甚至可以因配药的不同，使之具备治疗雀斑等功能。澡豆在南朝时还只限皇家使用，《世说新语》中载：“王敦初尚主，如厕……既还，婢擎金澡盘盛水，琉璃碗盛澡豆，因例著水中而饮之，谓是干饭。群婢莫不掩口笑之”。王敦是士族，尚且不知澡豆，可见其物之罕。但到了唐代，澡豆已成为贵族必备的美容化妆品，在唐代的很多医药典籍中都可看到其制作配方。

除了澡豆外，在史籍中提到的洗面用品还有很多，比如说“白雪”，北齐崔氏《靧面辞》中便云：“取红花，取白雪，与儿洗面作光悦。取白雪，取红花，与儿洗面作妍华。取花红，取白雪，与儿洗面作光泽。取白雪，取花红，与儿洗面作华容。”再比如“化玉膏”，据说以此盥面，可以润肤，且

图9-4　皂荚

图9-5　20世纪初东方大药房四合一洗面粉广告

有助姿容。相传晋人卫篮风神秀异，肌肤白皙，见者莫不惊叹，以为玉人。其盥洗面容即用此膏。《说郛》卷31辑无名氏《下帷短牒》中载："卫篮盥面，用及芹泥，故色愈明润，终不能枯槁。"但这些记载都只有其名，并没有详细的配方，真正的洁面品配方主要集中在一些医书当中。

纵观洁面品的配方，我们会发现上面提到的肥皂荚和猪胰，几乎是必不可少的两种配料。《本草纲目·木部》卷35载："肥皂荚，十月采荚煮熟，捣烂和白面及诸香作丸，澡身面，去垢而腻润，胜于皂荚也。"皂荚（也称皂角），也具有清洁去垢功能，但肥皂荚则更胜一筹。（图9-4）这里的猪胰也称猪胣，《本草纲目·兽部》卷50："生两肾中间，似脂非脂，似肉非肉，乃人物之命门，三焦发原处也。"其呈椭圆状，黄白色，富润滑汁液。可治"皴疱皯黷，面粗丑黑，手足皴裂，唇燥紧裂"，故此，在面药、手药中也均少不了这一味。

另外，在洁面品的配方中，也包含很多芳香类的中药，如檀香、丁麝香等，具有浓烈的香气，使之除了能涤垢去污避秽，还能在肌肤上留下持久的清香，并且能滋润营养皮肤以达到护肤止痒的功效（图9-5）。

2. 涂面脂

女子美肤，清洁是第一个步骤，第二个步骤就是涂面脂。"脂"是我国文献中最早出现的化妆词语，《诗经》曰"肤如凝脂"，《礼记·内则》曰"脂膏以膏之"。说明至迟在周代，人们就已知道使用面脂护肤了。

脂有唇脂和面脂之分，用以涂面的为面脂。面脂大多为白色，主要为护肤润面而用，如今日的润肤霜之类。汉代刘熙的《释名·释首饰》中写："脂，砥也。著面柔滑如砥石也。"形容脸上涂了面脂之后，则柔滑如细腻平坦的石头一般（图 9-6）。汉代史游的《急就篇》"脂"条，唐颜师古注曰：

图9-6　肤如美玉的甘后[①]

① 王嘉《拾遗记》中记载：西蜀先主甘皇后，肌肤柔嫩如玉，体态妩媚，容貌艳冶。先主将甘后安置在洁白透明的轻纱帐内，站在窗外望去，她就像月光笼罩下晶莹的雪团。河南有人进献了一个身高三尺玉石人，先主便将它放在甘后的身边。他白天与大臣议论军国大计，夜晚则拥抱着甘后而玩弄玉人。甘后与玉人同样的洁白滋润，看见的人都分不清彼此。

“脂谓面脂及唇脂，皆以柔滑腻理也。”南朝梁刘缓《寒闺》诗中亦载：“箱中剪尺冷，台上面脂凝。”后来，脂常常与“粉”字一起使用，渐渐形成了一个固定词组——“脂粉”。因此有些字典中把脂粉的脂理解为胭脂是错误的（图 9–7）。

图9–7　九子漆妆奁(马王堆一号汉墓出土)

除了白色的面脂外，在唐代还出现了很多彩色的面脂。如“紫雪”，因制作时加入紫色素，故名；“红雪”，因制作时加入红色素，故名；还有“碧雪”，因制作时加入有绿色素，故名。这三者都有防裂护肤之功效，多用于冬季。之所以要加入颜色，应该和调整肤色有关，即利用补色的原理中和肤色。了解化妆常识的人都知道，肤色发黄，就用紫色粉底打底；肤色发红，就用绿色粉底打底；肤色发青，就用红色粉底打底。“紫雪”“红雪”“碧雪”的出现应该是唐代化妆美容逐步走向科学理性的展现。唐代帝王常于腊日把它们赐予群臣。唐代刘禹锡的《代谢历日口脂面脂等表》中便曾提及：“腊日口脂、面脂、红雪、紫雪……雕奁既开，珍药斯见，膏凝雪莹，含夜腾芳，顿光蒲柳之容，永去疠疵之患。”明代李时珍的《本草纲目·石部》中也曾提到：“唐时，腊日赐群臣紫雪、红雪、碧雪。”

面脂，也称面膏、面药等。除了最基本的滋润功效之外，大部分面脂配方中还加入了很多中药成分，使其也兼有美白、去皱、祛斑、令面色光润之功效（图 9–8）。

再如植物栝蒌，是契丹妇女护肤时常用的一种美容配料（图 9–9）。庄季裕的《鸡肋篇》中有载：“其家仕族女子，……冬月以栝蒌（楼）涂面，谓之佛妆。但加傅（敷）而不洗，至春暖方涤去，久不为风日所侵，故洁白如玉也。”《本草纲目·草部》卷 18 中载：“栝楼，其根作粉，洁白如雪，故谓之天花粉。……主治：……悦泽人面……手面皱。”并附有配方：

> “面黑令白。栝楼瓤三两，杏仁一两，猪胰一具，同研如膏。每夜涂之，令人光润，冬日不皴。”

图9–8　20世纪初兴隆洋行苦林雪花膏广告

图9–9　栝蒌

3. 疗面

面脂主要是针对滋润皮肤、美白去皱这些但凡是女性都需要的美肤需求。但实际上，我们的皮肤经常会面临一些特殊的问题，比如，粉刺、雀斑、火疱（皰）、面疮、黑痣、疤痕、酒齇鼻，以及洗去文身等，可能并不是每个人都有，但亦是很常见的，而且一旦患有，其烦恼也是不言而喻的。因此，针对这些皮肤问题，我们古代的医书很早就开始关注，并且积累了丰富的治疗此方面疾病的实践经验。

图9-10　白芷[3]

追溯我国将中药用于美容疗面的历史，可以说是源远流长。我国现已发现的最古医方——马王堆汉墓帛书《五十二病方》[1]，从字体上看，其抄写不晚于秦汉之际，而就内容考查，医方产生的年代应早于《黄帝内经》的纂成时期。在这样古老的病方中便已经收载了关于美容范围的面部除疱（即粉刺或酒刺）方剂（见“治瘧”方”）。秦汉之际《神农本草经》[2]的诞生，更丰富了美容、养容的内容，记述了多种药物具有美容功效，如白芷：“长肌肤、润泽颜色、可作面脂”（图9-10）；白僵蚕：“灭黑黑干、令人面色好”；甘松香、白檀、白术、青木香，“可使人面白净悦泽”等（图9-11），这些药材在诸多的美容疗面配方中都非常常见。从晋代葛洪编著的《肘后

图9-11　青木香[4]

① 马王堆汉墓帛书整理小组：《五十二病方》，文物出版社1979年版。
② 陆费逵总勘：《神农本草经》，中华书局。
③ 又名芳香，具有美容芳香的功效，《神农本草经》明确指出其能“长肌肤、润泽颜色、可作面脂”。是美容配方中的常见药。
④ 具有美容的功效，《神农本草经》中载：青木香“可使人面白净悦泽”。

备急方》[①]起，医书中则将有关美容、疗面的内容汇集在一起，列为一个专题，使人查阅起来更为方便。从此，历经唐宋元明清各代，医书中有关美容、疗面的专题层出不穷，为后世留下了大量珍贵的资料，既有史学价值，更有实际的应用价值。

纵观疗面品的配方，有几种中药是常见的，当属美容要药。如上文所提到的白芷，《神农本草经》明确指出其能“润泽颜色可作面脂”；“白芨”，可滋润肌肤，祛除浊滞，治疗“面上皯皰”，效果甚好；甘松、檀香、三奈芳香宜人，专治气血失于流畅所导致的疾病；“白牵牛”，《本草正义》中张山雷说：“此物甚滑，通滞是其专长，对于面黑、雀斑、粉刺等，气血失于流畅所导致的疾病，本品性滑，又能润泽肌肤，起到护肤的作用。再如“白丁香”，是麻雀的粪，以雄雀粪最好，可去面上雀斑、酒刺。“鹰条白”，则是鹰粪，可防皱灭痕，善于去掉各种疙瘩而不留痕迹。而人参则可以“补五脏、安精神、定魂魄、止惊悸。除邪气、明目、开心益智。久服轻身延年。”这些药物在面脂方和疗面方中都经常被用到（图9-12）。

图9-12　20世纪初广生行化妆品广告

4. 护手

在中国，自古人们就认为手是体现女性美的一个不可或缺的部分。如《诗经·卫风·硕人》中的美人形象便是：“手如柔荑，肤如凝脂，颈如蝤蛴，齿如瓠犀，螓首蛾眉，巧笑倩兮，美目盼兮。”从眼、眉、齿、

① [晋]葛洪：《葛洪肘后备急方》，人民卫生出版社1983年版。

颈、发、肤、手等各个方面加以赞美，而手则被置于首位。清代的大文人李渔更是把女子的纤纤十指视为“一身巧拙之关，百岁荣枯所系！”可见，社会对女性手的重视程度是很高的（图 9-13）。

图9-13　因奇手而得幸的钩弋夫人①

作为一种自身的修饰，女性妆手的历史，在中国可谓源远流长。其中最重要的便是保持手本身肌肤的柔软与白皙。正如妆脸有各式各样的面药，妆手也有专门的手药，其实就相当于现在的护手霜。

如北魏贾思勰《齐民要术》卷 5 中便记载有合手药法：

---

① 钩弋夫人是汉昭帝的生母，汉武帝巡狩经过河间的时候，望气者说，云气显示，此地有奇女子。汉武帝于是急令使者召见。面见皇帝时，这女子两手握拳，汉武帝亲自为她展开指掌。由是得幸，号曰“拳夫人”。“拳夫人”进为婕妤，居于钩弋宫，故也称“钩弋夫人”，大受宠爱。

“合手药法：取猪胆一具，摘去其脂。合蒿叶于好酒中痛挼，使汁甚滑。白桃人二七枚，去黄皮，研碎，酒解，取其汁。以绵裹丁香、藿香、甘松香、桔核十颗，打碎。著胆汁中，仍浸置勿出——瓷瓶贮之。夜煮细糠汤净洗面，拭干，以药涂之，令手软滑，冬不皴。

猪胆是手药中不可缺的一味主料。以猪胆浸酒以其浸出液涂于手面防皴裂，农村妇女多有用之，再混以用酒浸出的桃仁汁液，并把香料若干浸于混合汁液中，放入瓷瓶中储存，即可。睡前用淘米水洗脸、洗手，淘米水中含有少量的碱，可起清洁的功效，擦干后，涂上此手药，可令手软滑，冬天不皴裂（图 9-14、图 9-15）。

图9-14　清代描金朱地龙凤纹漆手炉

图9-15　清代费丹旭《弄镯图》

二、中国古代的护发方法

头发，作为人体美的重要表征，它不只作为人体的一个器官简单的存在，而早已固定化为一种顽强的具有极大惯性的民俗心理，在古往今来，人们的生活中起着积极的作用。在《孝经 · 开宗明义章》中古人便明确指出："身体发肤，受之父母，不敢毁伤。孝之始也。"因此，汉族自古以来男女都是蓄发不剪的。男性以冠巾约发，女性则梳成发髻。其次，由于头发具有顽强的生命力和不断生长的特点，古人还认为"山以草木为本，人以头发为本"，把头发看成生命的象征。历史上成汤剪发以祈雨，曹操割发以代首，杨贵妇剪发为示已离开人间，等等历史故事，都表达了一个共同的信仰——头发是生命的象征，也是本人的替代。

头发对于人们来说，不仅作为体现礼俗的一个重要方面，也是人们审美的一个重要标准。中国人认为人首是全身最高位置，而头发高居人首，作为妆饰的部位来说，远较其他部位来得庄重，明显。人的身体健康与否，除了察颜观色外，须发往往是最好的验证。拥有一头乌黑油亮、富有弹性的秀发，不论男女，无疑都会给人以年轻、健康的视觉印象。而头发枯黄、稀疏、过早的花白、脱落，则必定会严重影响人的容貌和仪表，带给人苍老、颓废的感受。自原始社会起，发须就成为人们展示美的情趣的一个重要方面，拥有一头浓密的秀发也成了每一个人的心愿。因为只有拥有一头浓密的秀发，人们才能做出各种精美的发式，插戴各种华丽的首饰。纵观我国历代妆容史，几乎无一不与发式有关，仅史籍中可见的发式名目记载就有成百上千之多。

1. 生发（须）

在中国历史上，早在周代便已产生了完备的冠服制度。周代《礼记》中明确规定"男子二十而冠，女子十五而笄"，做为成人的标志。而要想戴冠着笄，不论男女，则皆要留上一头长发，然后束发梳髻。因此，从周代开始，束发梳髻便成为中国古人最为普遍的一种发式，并从此在中国延续了数千年，一直到中国封建社会彻底结束(图 9–16)。男子一般是把发髻总于头上，形式比较简单，但梳理得非常用心，正所谓发有序，冠乃正。女子的发髻则各个时代，款式造型变化多端，无以计数。时而垂于脑后，如汉代盛行一时的堕马髻；时而梳成发环，如魏晋流行的灵蛇髻；时而搭于一侧，如唐代的抛家髻；时而巍峨于头顶，如宋代流行的朝天髻；等等。无论哪个，皆需要一头浓密的秀发才可做成(图 9–17)。

而对于男子饰容来说，除了头发外，还有一项很特别的饰容武器，那就是美须。正所谓“公须髯如戟，何无丈夫气？”(《南史》)同为血肉之躯，皆是万物之灵，胡须却独见于男子。《释名》云：“须，秀也。物成乃秀，人成而须生也。”在古代，胡须不但用于区分性别，更表示成年，并隐射着男子的阳刚气概。因此，拥有一幅乌黑油亮的美须，自然而然也成为男性

图9–16　清末贵族女子梳妆场景

图9-17　发长七尺的张丽华[1]

① 张丽华是南朝陈后主的贵妃，出身寒门，很小就初召入宫中当一名宫女，其父兄以织席为生，因其貌美聪慧，被陈后主收为贵妃。张丽华不仅貌美，还长有一头如云的秀发，发长七尺，黝黑如漆，光润可鉴，涂上发膏，梳成高髻，光彩照人，熠熠生辉。使陈后主神魂颠倒，不思朝政，敌军来袭，不知反抗，反而自作靡靡之音，即著名的亡国之音《玉树后庭花》。

对妆容的一种特殊追求。

图9-18 黑丝绒制成的假发（长沙马王堆汉墓出土）

因此，秃发少须在当时可想而知是一件多么令人沮丧的病症。尽管我们说头发稀少可以用假发来代替，然而假发毕竟毫无弹性，缺少光泽，终究不如真发美观（图9-18）。因而泱泱几千年，养须生发始终是妆容史上和医学史上一个永恒的话题，其相关配方在古代医书中记载也有不计其数，达到了很高的成就。

2. 洁发（须）

当已然拥有一头浓密的长发之后，自然下一步就会想到要如何好好地呵护秀发。实际上，呵护秀发和呵护肌肤一样，最首要的便是清洁。

古人洁发有两种方式，一种是篦发，即用篦子篦去发垢（图9-19、图9-20）。

李渔在《闲情偶寄》里写道：

图9-19 东汉马蹄形装梳子和篦子的梳盒（这件梳盒的匣盖镶有银制四叶，边缘以银制包镶，内外绘云气纹，当是贵族所用之物）

图9-20 战国时期的木梳（左）和木篦（右）（木梳用来梳发，木篦用来篦发垢）

“善栉不如善篦，篦者栉之兄也。发内无尘，始得丝丝现相，不则一片如毡，求其界限而不得，是帽也，非髻也，是退光黑漆之器，非乌云蟠绕之头也。

故善蓄姬妾者，当以百钱买梳，千钱购篦。篦精则发精，稍俭其值，则发损头痛，篦不数下而止矣。篦之极净，始便用梳。”

第二种便是洗发，这和我们今人是一样的。

《诗经 · 卫风 · 伯兮》中载：“自伯之东，首如飞蓬，岂无膏沐？谁适为容！”这里的“沐”便指的是一种洗发之物。“沐”，《说文解字》曰：“濯发也。”司马贞《索隐》：“沐，米潘也。”潘，《说文解字》曰：“淅米汁也。”这告诉我们，当时人们洗发用的是淘米水，和早年的洗面用品是一样的，都是利用淘米水中的碱性成分脱去污垢，洗好以后再施以膏泽。当然，淘米水只是早年最为简单的一种清洁用品，随着科技的发展，洁发用品也并不仅仅只是单纯的清洁功能，还兼具保健、美发的作用。如《清朝宫廷秘方》[①] 中便有“菊花散”一方：

甘菊花二两　蔓荆子　干柏叶　川芎　桑根　白皮　白芷　细辛旱莲草各一两

将诸药共研成粗末，用时加浆水煮沸，去渣。可使头发柔顺、光亮、起护发作用。

3. 乌发（须）

染乌发（须）并不是近代才有的事，在中国自汉代便已有了染发（须）的记载。早在《汉书 · 王莽传》中便载：“更始元年，拜置百官。莽闻之

① 胡曼云、胡曼平：清朝宫廷秘方，河南大学出版社2002年版。

愈恐。欲外视自安，乃染其须发。”《宋书·谢灵运传》：“尝于江陵寄书与宗人何勗，以韵语序义庆州府僚佐云：‘陆展染鬓发，欲以媚侧室，青青不解见，星星行复出。’”唐代刘禹锡的《与歌者米嘉荣》诗：“近来时世轻先辈，好染髭须事后生。”宋代陆游的《岁晚幽兴》诗之二：“卜冢治棺输我快，染须种齿笑人痴。”元代陶宗仪的《南村辍耕录》卷2中史天泽的做为则更强调了乌发（须）对于人精神上的激励：“中书丞相史忠武王天泽，髭髯已白，一朝，忽尽黑。世皇见之，惊问曰：‘史拔都，汝之髯何乃更黑邪？’对曰：‘臣用药染之故也。’上曰：‘染之欲何如？’曰：‘臣览镜见髭髯白，窃伤年且暮。尽忠于陛下之日短矣。因染之使玄，而报效之心不异畴昔耳。’上大喜。”可见，使原已苍白的发须变黑，不仅可以使人在外貌上看起来年轻如后生，掩饰年迈的痕迹，博得美女的芳心，更可以在精神上使人保持一种年轻的心态，年既老而不衰（图9-21）！《圣济总录纂要》[①]载：“论曰发本于足少阴，髭本于手阳明。二经血气盛则悦泽，血气

图9-21　唐代郑仁泰墓出土彩绘釉掏武官俑

① [宋]徽宗敕编，[清]程林删定：《圣济总录纂要》，上海古籍出版社1991年版。

衰则枯槁。容貌之间，资是以贲饰。则还枯槁为悦泽。法乌可废。”有关乌发(须)的配方在古代医术中也是很多的，有很多至今依然有借鉴意义(图 9-22)。

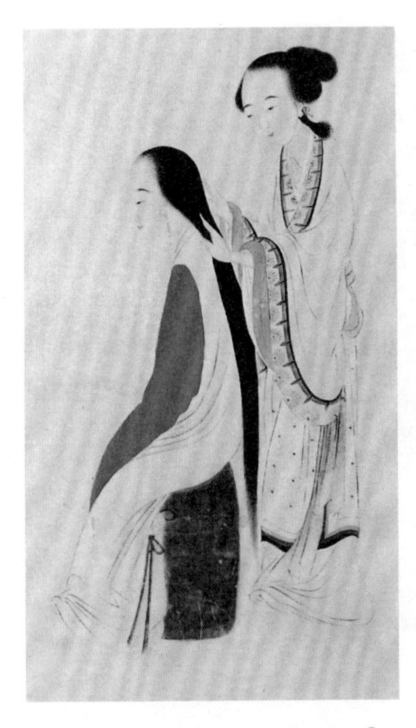

图9-22 清代改琦《宫娥梳髻图》[①]

4. 润发(须)

润发(须)是美发(须)的最后一个步骤，在我国也有着非常悠久的历史。在中国的古文中，提到女子化妆时，经常会看到“脂泽粉黛”这个词汇，如战国时期的韩非子在提到治国之道时，就曾做过这样的比喻：“故善毛嫱、西施之美，无益吾面；用脂泽粉黛，则倍其初。言先王之仁义，无益于治，明法度，必吾赏罚者，亦国之脂泽粉黛也。”这里的“脂”“粉”“黛”，我们前面都已经介绍过了，那么“泽”指的是什么呢？

实际“泽”在中国古典文学中是经常可以看到的，如《楚辞 · 大招》中有：“粉白黛黑，施芳泽只”，王逸注曰：“傅(敷)著脂粉，面白如玉，黛画眉鬓，黑而光净，又施芳泽，其芳香郁渥也。”王夫之《楚辞通释》曰：“芳泽，香膏，以涂发。”由此我们可知，“泽”指的是一种润发的香膏，即如今的头油之类。

“泽”也称兰泽、香泽、芳脂等。汉刘熙《释名·释首饰》曰：“香泽，香入发恒枯悴，以此濡泽之也。”汉史游《急就篇》“膏泽”条，唐颜师古注曰：“膏泽者，杂聚取众芳以膏煎之，乃用涂发使润泽也。”指以香泽涂

① 图上题诗曰：双鬟蓬松下象牀，熏笼扑火自烧香，欲梳宝髻新兴样，特倩宫娥助晓装。绿云袅袅等身长，腻滑轻匀比鉴光，若使妆成窥一面，不须纨扇侍君王。

发则可使枯悴的头发变得有光泽。汉枚乘《七发》:“蒙酒尘,被兰泽。”三国魏曹植《七启》:“收乱发兮拂兰泽。”其《洛神赋》中也写道:“芳泽无加,铅华弗御。”南朝梁萧子显《代美女篇》中也云:“余光幸未惜,兰膏空自煎。”这里的兰泽、芳泽、兰膏均指此物(图 9-23)。

图9-23 泽兰①

古人的香泽品种很多,如唐代有“郁金油”,因掺入郁金香料制成,故名。后唐冯贽《云仙杂记》中便有提及:“周光禄诸妓,掠鬓用郁金油,傅(敷)面用龙消粉。”如有“香胶”,因掺入香料而成,故名。唐代元稹《六年春遣怀》诗中便曾有提及:“玉梳钿朵香胶解,尽日风吹玳瑁筝。” 清代吴震方在《岭南杂记》卷下中有记载:“粤市中有香胶,乃末高良姜同香药为之,淡黄色,以一、二匙浸热水半瓯,用抿妇人发,香而解腻(zhī),膏泽中之逸品也。”这里的“腻”是黏的意思,因通常油脂性的膏泽常常会将头发黏住,很是油腻,而这种香胶,可“香而解腻”,无怪乎是“膏泽中之逸品”了。《本草纲目》中亦载:鸡子白,(和)猪胆,(可)沐头解腻;山茶子,(可)掺发解腻。再如“兰膏”,亦名“泽兰”。以兰草汁和油脂调和而成,涂在发上以增光泽和香气,故名。唐代浩虚舟《陶母截发赋》云:“象栉重理,兰膏旧濡。”

① 又名香泽兰。《本草经集注》载:“其叶微香,可煎油,因生泽傍,故名。可做浴汤。”润发的香泽中常用其作为香料。

其中的“兰膏”便指此物。宋代润发用的脂胶膏泽亦是不少。有一种油脂名“香膏”，亦可用于点唇。可见其是无毒无害的纯天然之品，而非现在那些禁止儿童触摸的发胶、摩丝可比。宋周去非《岭外代答·安南国》中记载：“以香膏沐发如漆，裹乌纱巾。”其质厚实，含有黏性，涂在发上，既便于梳挽发髻，又具有护发作用。宋代陆游《禽言》诗中曾云：“蠶女采桑至煮茧，何暇膏沐梳髻鬟。”至于这些润发及敷面用的香脂到底是如何制作的呢？宋代陈元靓《事林广记》中详细记载有其做法。到了明清，还出现了一种新型的香泽，叫做“棉种油”。明末清初西周生《醒世姻缘传》第53回中提及：“（郭氏）漓漓拉拉地使了一头棉种油，散披倒挂的梳了个雁尾，使青棉花线撩着。”这里的“棉种油”则指的是一种以棉籽榨成，可使头发光润，且具有黏性而便于定型的头油（图9-24）。

图9-25　陕西乾县唐永泰公主墓壁画。画中女子高髻，均需要用香泽来进行梳理定形

第十章

香　身

第十章
香　身

一、香身的历史

香料与妆容是密不可分的。女子妆品，无不含香。面脂、口脂称“香脂”，洗发之露称“香泽”，妆面之粉称“香粉”，而盛放梳刷镜篦、胭脂油粉的梳妆奁，又被称之为“香奁”。而且，用香修体饰容，在中国古代并不仅仅是女性的专利，除了宫廷典礼、宗教活动外，还遍及于整个士大夫阶层。唐代孙思邈《千金翼方》论曰：“面脂、手膏、衣香、澡豆，士人贵胜皆是所要。”使香料的运用成为一种颇具情趣的鉴赏文化。

图10-1　铜博山熏香炉（河北满城汉墓出土）

自春秋时起，伟大的浪漫主义诗人屈原便在《九歌》中这样描写衣饰：“被石兰兮带杜蘅”“制芰荷以为衣兮，集芙蓉以为裳”“纫秋兰以为佩”。这里的石兰、杜蘅都是香草，而芰荷、芙蓉、秋兰无疑是香花，这是屈原以鲜花、香草自喻清白、洁净、芳香，以表示不愿与世人同流合污。至秦汉而下，便已出现了精巧的香炉，《西京杂记》上说，长安巧工丁缓能“做九层博山炉”（图 10-1、图 10-2）。到了两晋南北朝时期，士

图10-2　汉代鎏金铜博山熏香炉（江苏铜山出土）

大夫们“无不熏衣剃面”。唐宋时期，香料的品种更是极大地增加，用香的形式也花样百出，香器更是做得巧夺天工(图 10–3、图 10–4)。宋徽宗用“龙涎、沉香屑和蜡为烛，两行列数百支，艳明而香溢。”好香之风历元明至清而不衰，故中国又被誉为“东方的香料之国”。

图10–3　唐鎏金镂空银香熏球[①]

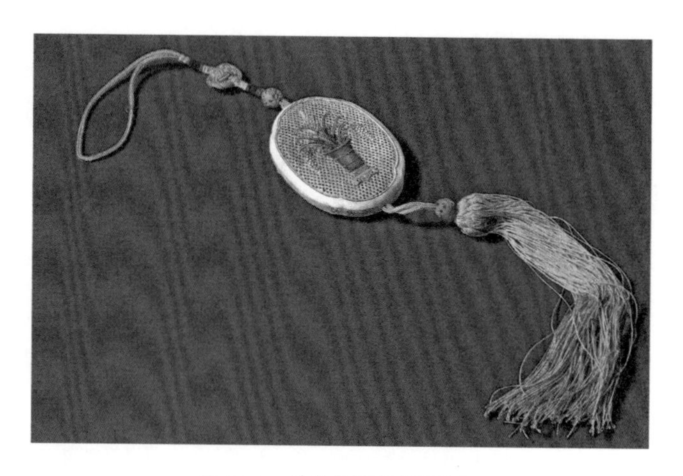

图10–4　清象牙雕万年青香囊

① 熏球是用于燃香驱虫除秽的，使用时悬挂在犊车之旁或床帐之间，球体间有活扣可以开启，下半球内有两个同心圆环和盛放燃香的香盂，在香盂本身的重力下，盂体始终保持水平状态，无论熏球如何转动，焚香都不会倾洒。

二、香身的种类

中国古人用香的方法可不像现代人一样仅仅停留在表面的芳香即可，他们对香的运用是深入骨髓，无微不至的。

首先，就人本身来说，不仅在女性的化妆品中普遍添加香料，他们还做出可以含服的香物，据说可令人通体透香。如《杜阳编》："元代记载，宠姬薛瑶英的母亲赵娟，幼以香啖英，故肌肉悉香。"（图 10–5）薛瑶英的母亲从小就让女儿吃香花瓣，故此长大后瑶英肌肤生香。再如应劭《汉宫》曰："侍中刁存，年老口臭，上出鸡舌香含之。"即以鸡舌香掩盖口臭等，都是对香料的一种内服方式。

图10–5　体生异香的西施

比之内服，香料外用则更为常见。例如，佩带香物，如香囊（又称香袋，香荷包），佩在身边既可散发香气、驱虫除秽，又可作为饰物。三国魏繁钦《定情诗》中就曾曰：“何以致叩叩，香囊系肘后。”唐代张祜的《太真香囊子》诗中也云：“蹙金妃子小花囊，销耗胸前结旧香。”再如，沐浴时也要用香，屈原在其《九歌·云中君》中有句：“浴兰汤兮沐芳，华采衣兮若英”。所谓“兰汤”，就是以兰草烧汤而成的沐浴用水。

除了芳香自身外，古人还崇尚熏香，即将香置于衣下或被中，去异味而使之芳洁的一种方式。其香钻入衣被，可历经数日而不散（图 10–6）。除此之外，古人用香中最常见的形式便是焚香了。它靠热力将香料的芳香蒸发于空气，以除菌抑秽，清洁空气，兼及调节人的精神与家居气氛。文人曾写诗赞叹：焚之可以清心悦神，焚之可以畅怀呼啸，焚之可以辟睡魔，焚之可以熏心热意。甚至，人们还将香物与泥土混合涂壁，如汉代后妃所居宫室，就用椒和泥涂壁，取其温暖而有香气，故而又有“椒房”之称，其后就成了后宫的代用语了。由此种种可见，中国古人用香的细致与广泛，真是到了出神入化的地步。

图10–6　明代竹刻镂雕蟠螭纹香筒

在香的配方中，有几种香料是非常常见的。最常见的如麝香，这是一种动物类香。李时珍曰：“麝之香气远射，故名麝。”麝香出自雄麝阴茎前皮内，其自剔出者，最为难得，价同明珠。《香谱》中称：这种香绝顶好，身上带麝香，不但香能避恶，放在脑间枕着，还能避恶梦及尸鬼气。另外，《本草纲目》中还记载：“有一种水麝，其香更奇，脐中皆水，沥一滴于斗水中，用洒衣物，其香不歇。”

还有丁香，俗名母丁香，丁子香，又名鸡舌香。其树分雄雌，“时珍曰：‘雄为丁香，雌为鸡舌。’……入诸香中，令人身香。……疗口

臭最良，治气亦效。”（《本草纲目》）

再如白芷，《本草》中也称“芳香”，“道家以此香浴去尸虫”，不仅气味芳香，而且还“长肌肤，润泽颜色，可作面脂”，既是美容药物，又可香身。

降真香，又名紫藤香、鸡骨香。《仙传》中云：“伴和诸香，烧烟直上，感引鹤降。醮星辰，烧此香为第一……降真之名以此。”这种香烧起来最初不怎么香，与各种香合起来，则特别袭人。

沉香，又名沉水香、蜜香。因“木之心节置水则沉，故名沉水……可熏衣去臭。”（《本草纲目》）汉代伶玄《赵飞燕外传》中便写有：“后浴五蕴七香汤，踞通香沉水……合德新沐，膏九曲沉水香。”均提及此香(图 10–7)。

另外，还有檀香、藿香(图 10–8)、零陵香、青木香、乳香、甲香等香料也都非常常见。除此之外，也有一些出自异国的名贵香料，如龙脑香、迷迭香、安息香等，则更为名贵。

图10–7　沉香[2]

图10–8　藿香[1]

① 别名土藿香、排香草。《本草正义》言其：“芳香而不嫌其猛烈，温煦而不偏于燥烈，能祛除阴霾湿邪，而助脾胃正气。”不仅可用作香料，且有祛暑除湿，去痛止泄的功效。

② 又名沉水香、蜜香。因“木之心节置水则沉，故名沉水……可熏衣去臭。”

第十一章
缠　足

第十一章
缠　足

读者们乍一看到缠足,可能会很奇怪。讲妆容怎么会讲到缠足呢?这实际上是中国古代独特审美观下的产物。在缠足风行的年代里,一双金莲的巨细不仅要重于女子的容貌姿首,而且还要重于女子的贤淑之德。曾有诗云:“锦帕蒙头拜天地,难得新妇判媸妍。忽看小脚裙边露,夫婿全家喜欲颠。”(引自高洪兴《缠足史》)可见,在当时那样一个审美畸形的年代里,女子有一双美丽的小脚,远比化一个美丽的面妆要重要得多。当时的女子也因此而把缠裹双足列为每日妆饰工作之首。这虽然是博取男子欢心的一种无奈之举,却也因其是获得幸福的重要手段而乐此不疲了。因此,把缠足文化作为中国妆容文化中的重要一环加以介绍,是必不可少的。

一、缠足的历史

缠足之风究竟起于何时?从始于夏禹之说一直到始于宋代之说可谓是众说纷纭。但大多数学者都认为缠足始于五代。其主要根据是五代时南唐李后主嫔妃窅娘用帛缠足的史实。窅娘是“绝代才子,薄命君王”的南唐后主李煜的爱妃。李煜是一个对国事漠不关心,而将大部分精力用于宠幸舞女的亡国之君。他别出心裁,为窅娘筑了一座六尺高的金莲花,用珠宝缨珞装饰,命窅娘以帛绕足,使之纤小屈突而足尖成新月状,外着素袜而歌舞。据说这样一来,舞姿会更加优美,飘飘然若仙子凌波。窅娘也因此被推崇为妇女缠足的祖师奶奶。但实际上,窅娘缠足还只是宫廷舞女中的个别现象,并没有在南唐后宫中流行起来。即便是北宋初年,在至今史料和出土文物中都尚未发现妇女缠足的迹象。直到北宋中后期,缠足才略显规模,但也多为宫廷妇女、贵族妇女或富贵人家的家妓为之。

著名的服饰学家王抒先生还有一种颇为新颖的观点,即认为辽金的缠足可能在宋之先,特别是辽代。因为在宋代市井坊间有一个瘦金莲方专卖,这是一种番药,明确地说是契丹人所制之药。而且从出土文物来看,契丹的鞋都很小、很窄。很可能是在开始时他们先把脚包窄,但并不是包成畸形尖脚。另外,从缠足的地域分布看,南方不如北方普及,而且越是北方越厉害。这也很可能是因为北方受辽金的影响较深。特别是在山西,甚至近现代有的家里小姑娘小时候没包脚,到十七八岁嫁不出去,就自己包,拿磨盘压着,承受着极大的痛苦,最后也包成个小脚。当然这一观点也只是众多猜想当中的一个。

无论缠足究竟始于何时,从宋朝开始已出现文人词客吟咏缠足的诗词了。这就说明至少在宋代,缠足已经作为品评女子美貌的一个重要因素了(图 11-1)。大词家苏轼的《菩萨蛮 · 咏足》大概就是中国诗词史上第一首专咏缠足之作:

“涂香莫惜莲承步,长愁罗袜凌波去。
只见舞回风,都无行处踪;
偷穿宫样稳,并立双趺困。
纤妙说应难,须从掌上看。”

这是一首吟咏教坊乐籍舞女之足的词。词中所谓的“宫样”就是指宫庭中流行的“内家”式样。可见,缠足是由宫庭传向民间的。

在宋徽宗宣和之后,统治阶级生活日渐腐化,妇女装束花样百出,缠足之风也有了进一步的发展。宋百岁老人所撰的《枫窗小牍》中记载说:“宣和(1119—1125 年)以后,汴京闺阁妆抹,花靴弓履,穷极金翠,一袜

图11-1 宋代《杂剧打花鼓图》册页中的小脚女子形象

一领，费至千钱。”其鞋式也千奇百怪，出现了专门的缠足鞋——“错到底”。这种鞋子，鞋底尖锐，由二色合成，鞋前后绣金叶和云朵，坡跟三寸长。鞋上有丝绳，系在脚踝上。元人张翥的《多丽词》中有“一尖生色合欢靴”的说法，指的就是这种鞋。宋人赵德麟在《侯鲭录》一书中说：“东师妇人妆饰与脚皆天下所不及。”京师，便指的是北宋的首都汴京，即今河南开封。表明此时京城妇女的妆饰与脚，已为天下之先了。缠足的现象，正在得到社会的正视和首肯。

到了南宋时期，由于缠足妇女的南下，把缠足的风习带到了江南。缠足则开始在南方流行并普及开来。与此同时，还把瘦金莲方、莹面丸、遍体香等妇女缠足、化妆的方法和化妆品也传到了江南。《艺林伐山》中便载：“谚言：杭州脚者，行都妓女皆穿窄袜弓鞋如良人。”此时女子缠足有其独特的一种样式，《宋史 · 五行志》中记载：“理宗朝，宫人束脚纤直，名快上马。”这和窈娘的“纤小屈突而足尖作新月状”及明清时的“三寸金莲”都有名显的区别。这种又细又直的样式只是一时的风行，大多数女子的缠足还是以弯曲、上翘为美的。南宋时期，民间妇女缠足也相当普遍。当时妇女的画像，脚作弓足的比比皆是。如北京故宫博物院藏的《搜山图》及《杂剧人物图》中的妇女，双足都十分纤小，有的还带有明显的弯势，上翘作新月状。宋代赵德麟在其《浣溪纱》一词中曾专门吟咏过小脚之美。其题注云："刘平叔出家妓八人，绝艺，乞词赠之。脚绝、歌绝、琴绝、舞绝。"在他眼里，家妓的脚是与她们的色、艺同等重要的。其词云："稳小弓鞋三寸罗，歌唇清韵一樱多，灯前秀艳总横波，指下鸣琴清杳渺；掌中回旋小婆娑，明朝归路奈情何？"在这首词中，已出现了"三寸罗"的字样，看来南宋时期有些缠足妇女的脚与后来的"三寸金莲"已相去不远了。

女真人把北宋统治者赶出中原，建立了占据北方半壁江山而与南宋对峙的金朝。最初女真人同赵宋王朝作战时，就以俘获缠足女子为乐。《烬余录》二卷中记载："金兀术略苏……妇女三十以上及三十以下未缠足与已生产者，尽戳无遗"，即在抓获的女性中，独留下年轻未育的缠足女子，余者皆杀掉。在后来的同汉族文化的频繁接触过程中，女真族女子也开始缠起足来。《枫窗小牍》云："今闻虏中（即金朝）闺饰复尔，如瘦金莲方、遍体香、莹面丸，皆自北传南者。"此书作于南宋初年，女真族这个马背上的民族，素以所向披靡闻名于世，但是在他的铁蹄踏遍万里中原的同时，也不禁被浑厚而博大的中原文化所同化了。

元朝统治者也同样禁不住中原文化的诱惑，其入主中原以后，对缠足现象也由不反对而逐渐转变为欣赏和赞叹。元代出现奉帝王之命唱和应酬的有关女子缠足的应制诗就是一个明证：

"吴蚕八茧鸳鸯绮，绣拥彩鸾金凤尾。
惜时梦断晓妆慵，满眼春娇扶不起。
侍儿解带罗袜松，玉纤微露生春红。
翩翩白练半舒卷，笋箨初抽弓样软。
三尺轻云入手轻，一弯新月凌波浅。

象床舞罢娇无力，雁沙踏跛参差迹。
金莲窄小不堪行，自倚东风玉所立。”

（李炯《舞姬脱鞋吟》）

晨妆不整，娇羞懒散，娇弱无力，小脚难行，倚风玉立，这都成了曾经以剽悍勇武著称的蒙元统治者眼中的美人形象。

在统治阶级的赞赏提倡及风俗势力的惯性作用下，元代的缠足之风可谓更甚于宋朝。汉族女中缠足风气愈演愈烈。“弓鞋”“金莲”等小脚的代名词常见于元人杂剧、词曲之中。如萨都剌《咏绣鞋》诗云：“罗裙习习春风轻，莲花帖帖秋水擎；双尖不露行复顾，犹恐人窥针线情。”似乎元代妇女的小脚比宋代的“快上马”式更加纤小。最明显的莫过于元代的词曲杂剧中，无论描写何代人物，无不提及纤足。如古典名剧《西厢记》中，张生遇到莺莺之后，独自回房。百般思恋纠结在心头：“想她眉儿浅浅描，脸儿淡淡妆，粉香玉搓腻咽顶，翠裙鸳鸯金莲小，红袖鸾鸟玉笋长。”关汉卿《闺思》中也有：“玉笋频搓，绣鞋重跌”等。元代陶宗仪撰《辍耕录》中则云：“近年则人相效，以不为者为耻也。”可见这种以不缠足为耻的观念在元朝末年已越来越盛行了。甚至，此时还出现了崇拜小足的拜脚狂。元末的杨铁崖，以腐臭为神奇，常常在酒席筵上脱下小脚妓女的绣鞋载杯行酒，号称“金莲杯”。令崇拜小脚的变态审美情趣也逐渐风行起来。

明代妇女缠足之风比元代更为流行，缠足风俗进入了大盛时期，上至宫妃，下至农妇，无不缠足，而且缠足言必三寸。“金莲要小”成了明清时代女性形体美的首要条件，第一标准。

明代胡应麟指出：“宋初妇人尚多不缠足者，盖至明代而诗词曲剧，无不以此为言，于今而极。至足之弓小，今五尺童子咸知艳羡。”而且，明代还形成了妇女以缠足为贵，不缠足为贱的社会舆论。《万历野获编》中便有一记载："浙东丐户，男不许读书，女不许裹足。"把不准缠足作为对丐户妇女的一种惩罚。直至清朝，丐部的后裔们仍被视为最下贱的人等，严禁与其它阶层的人通婚。在明朝的皇宫，则上至皇后下到宫女无不缠足。崇祯皇帝的田贵妃便因脚恰如三寸雀头，纤瘦而娇小，而深得崇祯喜爱。明代宫中在民间选美，入选的妙龄女孩不仅要端庄美貌，还要当场脱鞋验脚，看其是否缠足，足是否缠得周正有形，然后才能决定是否留在宫中。

女子"柳腰莲步，娇弱可怜之态"在明人眼中是最美的。这种美女被认为可以惑溺男子，甚至也可以软化北方的鞑靼人。万历年间，北方的鞑靼人屡次侵扰中原。名士瞿思九便向万历皇帝献策说："虏之所以轻离故土远来侵掠者，因朔方无美人也。制驭北虏，惟有使朔方多美人，令其男子惑溺于女色。我当教以缠足，使效中土服妆，柳腰莲步，娇弱可怜之态。虏惑于美人，必失其凶悍之性。"这当然是以已之心度人之腹的一桩令人贻笑大方的奇闻了。既然知道如此可以"惑溺"男子，刚好证明了喜欢这类弱美人的明代统治者早已"惑溺于女色"，腐朽不堪了。对此反思，便可得出禁止女子缠足，不近女色，强身强国的结论。只可惜，明清汉族士大夫却在这种病弱无力的女性美观念中愈陷愈深，不能自拔。

到了清代，缠足风俗则达到了鼎盛时期。其流行范围之广和缠足尖小的程度均已超过元明时期。袁枚在《答人求妾书》中说："今人每入花丛，不仰观云鬟，先俯察裙下……仆常过河南入二陕，见乞丐之妻，担水之妇，其脚无不纤小平正，峭如菱角者……"看人只看脚而不顾其他的这种颠倒已极、令人啼笑皆非的审美观虽然受到一些有识之人的批判，但清朝的缠足之风已是越刮越烈，风靡了整个华夏。在汉族上层统治者和封建文人中，崇拜小脚的风气十分浓重，小脚崇拜进入了前所未有的狂热阶段（图 11–2）。

图11-2　清代年画中的小脚女子

二、缠足的方法

如此令男人痴迷的小脚究竟是如何缠就的呢？最初窈娘的缠足实际上并不是真正意义上的缠足，只是在歌舞时偶加勒束，于人体并无损伤。真正意义上的缠足则是一件非常痛苦与残忍的事情。一般来说，缠足是从幼年期便开始，有的早至三四岁，有的至多延迟到七八岁。缠足的主要目的是使脚的前部和脚跟尽可能地靠在一起，其做法是逐渐把它们扳压和缠裹到一起，就像扳一幅弓那样。如果缠裹顺利，被这样缠裹成型的脚就被称之为"弓足"。脚跟的大骨头在自然状态下本来是处于半水平位置的，经过缠裹加工后，则被推向了前方，呈垂直姿势，以其骨尖直立，其效果或外表与高跟鞋的足形很相似，造成身体中心前倾。经过这样的缠裹，势必造成脚部肌肉萎缩，脚背皮肤坏死、脱落，并出现一段时间的出血、化脓、溃烂，压入脚下的足趾（特别是小脚趾）废掉。总之，缠足的痛苦，惨绝人寰。要想缠就一双金莲，非得骨折筋挛不可。不经历皮肉溃烂，脓血淋漓的过程，是不可能得到一双三寸金莲的(图 11–3)。

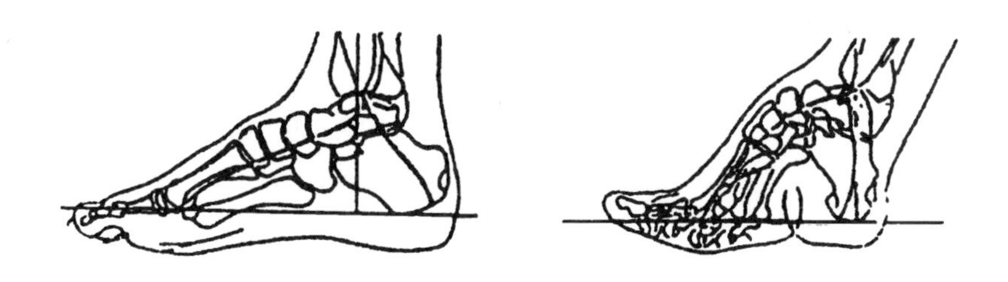

图11–3　弓足(左图为自然脚形，右图为缠足后的畸形脚形)

然而，在当时那样的社会，女人的命运全在一双脚上。经过几年的痛苦煎熬，得到的代价便是赢得嫁人的资本和社会对女人标准的认可。正如那一代一代流传下来的歌词所唱。

“三寸金莲最好看，全靠脚布日日缠。
莲步姗姗多大方，门当户对配才郎。”

三、缠足的品评与选美

究竟什么样子的小脚才算最美的呢？清代文人知莲《采菲新编》的《莲藻》篇中可谓描述得淋漓尽致。不仅对妇女的小脚大加美谥，更把小脚之“美”总结成四类：形、质、姿、神。“形”之美讲究锐、瘦、弯、平、正、圆、直、短、窄、薄、翘、称；“质”之美讲究轻、匀、整、洁、白、嫩、腴、润、温、软、香；“姿”之美讲究娇、巧、艳、媚、挺、俏、折、捷、稳；“神”之美则讲究幽、闲、文、雅、超、秀、韵。且每一个字都有一番精辟描述，可谓绞尽心机，在这里就不一一加以详述了。理论上如此的精益求精，足见莲迷们对小脚的把玩已经到了登峰造极的地步。除了《莲藻》篇之外，清代文人品评小脚的“专著”还有很多。如清朝的风流才子李渔，他对小脚的研究可谓精湛至骨髓，他提出小脚“瘦欲无形，越看越生怜惜，此用之在日者也；柔若无骨，愈亲愈耐抚摩，此用之在夜者也。”而且还天方夜谭般地指出小脚的魅力不仅在于其小，还要“小而能行”“行而入画”，简直是强求人力之所不能了。此外，文人方绚还写了一本专门品评小脚的《香莲品藻》。内载香莲宜称、憎疾、荣宠、屈辱等五十七事，并列有“香莲五式”“香莲三贵”“香莲十八名”“香莲十友”“香莲五客”“香莲三十六格”等种种条款，视腐朽为神奇，对妇女的一双小脚进行不厌其烦地描摹、品评和赞美，真可称为是一部小脚的“圣经”了。

伴随着小脚的流行狂潮，一种特殊“选美”活动也应运而生了。这便是举世无双、独一无二、且有中国特色的——“赛脚会”。所谓赛脚会，实际上就是我国北方一些缠足盛行地区的小脚妇女利用庙会、旧历节日或者集日游人众多的机会，互相比赛小脚的一种畸形“选美”活动。其中，属有“小脚甲天下”之美誉的山西大同赛脚会最为名闻遐迩。

相传大同的赛脚会始于明代正德年间（1506—1521年），几乎每次庙会都要举行，多以阴历六月初六这日最为盛大。每到这一日，那些认为自己有可能在赛脚会上夺魁的小脚妇女便只睡上三四个小时，起床后便对镜梳妆、浓妆艳抹、珠翠满头，有钱人家的女子还要熏香沐浴。但最重要的则是要着力修饰自己的小脚，穿上最华贵时髦的绣鞋和绣袜，尔后便赶至庙会，将一双小脚展露于人。这时，一些青年男子便到女士丛中，观看妇女的小脚，品评比较，挑选出优胜者数人。被选中的妇女，得意洋洋，喜形于色。没有中选的妇女，往往垂头丧气地返回家中。而后，再将初选者集中起来，进行复选，最后公决第一名称“王”，第二名称“霸”，第三名称“后”。此时，当选者欢呼雀跃，以此为生平莫大荣幸。他们的父兄或丈夫也十分高兴，咸以为荣。评比完毕，王、霸、后三位小脚女人便坐在指定的椅子上，一任众人观摩其纤足。但只限于纤足，若有趁机偷窥容貌者，则会被认为居心不良、意图不轨而对其群起而攻之，并将其赶出会场，永不许再参加赛脚会了。也有大胆而缴誉心切之女子，为争宠夺魁索性裸足晾脚，畸形毕显，直闹得观客云集，人头攒动，成为庙会上一引人瞩目的焦点。在观看小脚之际，一些青年男子还会把一束束凤仙花掷向这三位小脚女郎。三位一一接受，散会后，便“采凤仙花捣汁，加明矾和之，敷于足上，加麝香紧紧裹之”，待到第二天，则全足尽赤，“纤小如红菱，愈觉娇艳可爱”了。

当然，除了山西大同，其他地区的赛脚会也很隆重，像山西运城、河北宣化、广西横州、内蒙古丰镇都有不同形式的赛脚会。另外，在云南通海还有“洗足大会”，甘肃兰州还有“晒腿节”，等等，实际上，都是赛脚会的变相发展。

人人都有爱美之心，人人也都有竞争意识。凡是人们普遍认为美的东西，往往便成为竞赛的对象。既然全社会都认为女性的小脚为“美”，于是小脚便成了评比、竞赛的对象。赛脚会，实际上就是旧时缠足妇女历尽千辛万苦，而能得到的惟一的一个在公众场合堂而皇之显示自己“美丽”的机会。能否在赛脚会上获得赞誉，是关系到缠足妇女自身价值能否得到社会认可的大问题，可以说一生的荣辱贵贱均系于一双小小的纤足之上了。真可谓缠脚一世，用脚一时啊（图 11-4、图 11-5）！

图11-4　晚清中国山东小脚女子（约摄于1900年）

图11-5　小脚女子（选自传世照片）

四、缠足的没落

缠足，不论它在古人的眼中究竟是多么的美，毕竟是一种残害肢体的野蛮行为，与欧洲女子曾流行过的束腰一样，既不利于人自身肉体与精神的健康发展，也不利于社会的发展变革。因此，随着西学东渐，人文主义、人道主义思潮的涌现，缠足这种异化的妆饰习俗终于开始逐渐退出历史舞台了。

实际上，反缠足的呼声，在清朝末期就已经此起彼伏了。清政府就多次下达过禁缠懿旨，各行各界有思想、有知识、求进步的文人政客，如康有为、梁启超、钱泳、袁枚、俞正燮等，也都从各种角度，通过各种方式抵制缠足这种恶习。但是风行了千年的小脚时尚毕竟有着顽强的文化土壤，再加上患“金莲”癖的遗老遗少的执着，要缠足习俗退出历史舞台决不是一件轻而易举的事。

然而，中华民国元年（1911 年）三月，代表着崭新社会制度与观念的中华民国政府刚一上台，便响应新社会的号召，颁布了《令内务部通饬各省劝禁缠足文》的通告：

“缠足之俗，由来殆不可考，起于一二好尚之偏，终致滔滔莫易之烈，恶习流传，历千万岁，害家凶国，莫此为甚。夫将欲图国力之坚强，必先图国民体力之发达，至缠足一事，残毁肢体，阻于血脉，害虽加于一人，病实施于万姓，生理所证，岂得云诬。至因缠足之故，动作蹒跚，深居简出，教育莫施，世事罔问，遑能独立谋生，共服世务。以上二者，特其大端，若他弊害，更仆难数。从前仁人志士，常有‘天足会’之设，开通者，已见解除；固陋者，犹执成见。当此除旧布新之际，此等恶俗，尤宜先事革除，以培国本。

“为此令抑该部，速行通饬各省，一体劝禁，其有故违禁令者，予其家属以相当之罚，切切此令。”

这道“劝禁”的命令，写得有理有力，明白无误，本是令人振奋的事，但由于对“故违”者只是予以“相当”的处罚，如何“相当”，却并无答案。于是，在现实生活中，依旧是劝者自劝，缠者自缠。以至中华民国的历史走过了10年之后，在汉口“年事不逾三十，而纤纤作细步者，则自高身价，可望而不可及。此辈率来自田间，往往不崇朝即为嗜痴者量珠聘去。盖求众而供少，物以稀为贵也。”小脚竟然成了婚配市场上的紧俏货色。

有人说，中国的事情，大凡与妇女有关，似乎就会不好办。男人剪辫子，虽然也有人反对，但毕竟抵抗了没几年，男人便没有了拖在脑后几百年的小辫子。可一涉及禁止女性缠足，就显得难乎其难。这实际上是长期以来一切以男权为中心的社会所造成的恶果，只要女性社会地位得不到真正的提高。女子的身心就不会得到真正的解放。

在客观上，小脚放足也不似剪辫子那么容易。小脚一经缠成，是很难恢复原状的。这不是做几篇文章，搞几次运动所能奏效的。裹成的小脚，离不开裹脚布，猛一撤掉裹脚布，如粽子一般严重变形的双脚，就会像失去控制一样走不了路。放足和缠足同样需要一段重新学走路的痛苦的适应期才能离开裹脚布。但也仅此而已，想要恢复成为缠足前的天足的样子，几乎是不可能的。这种半路放弛的脚则被称为“夭足”。

但是，中国人在新旧交替和是非之间，往往有一种特殊的适应能力和变通办法。据张仲先生所著《小脚与辫子》一书中说：“缠足放大在清末民初被叫作‘解放’，于是，就有了不彻底的‘解放’办法。”如有一女子学校的小脚女子，因见“凡缠足者皆解放”“遂慨然解放”，但“出嫁后，其夫有‘爱莲癖’，再事收束，双弓尖瘦，仍复旧观。数年后，其夫亡故，复放足为女教员。最后有当年慕其足小媒娶之，莲勾又纤纤矣。”三次缠足，两次“解放”，这看似是一双小脚的变化，却映射出新旧观念之间所存在的尖锐的对立和矛盾。而女性在这场矛盾中，只能是被动的屈从者。

然而，正如毛主席在描述中国革命的道路时所说的："前途是光明的，道路是曲折的。"小脚的解放也是如此。不论缠缠放放也好，放放缠缠也罢，"三寸金莲"毕竟是在走入"解放"的进程，这是不争的事实。经过二十多年的天足运动，学界已几乎全是天足了。到20世纪四五十年代，缠足这一怪诞的妇女妆饰文化现象则真正走向了消亡，原有的小脚女人也全都放了足。小脚的解放，并不单单只是妇女妆饰史上翻过了一页，更标志着一个旧时代的完结。其不仅是社会发展的必然，更是中国人自古所尊崇的男尊女卑这种陈腐观念的革新（图 11-6）。

图11-6　20世纪末中国最后一批缠足老人

参考文献

[1] 马王堆汉墓帛书整理小组．五十二病方[M]．北京：文物出版社，1979．

[2] 陆费逵总勘．神农本草经[M]．上海中华书局．

[3] [汉]许慎撰，[清]段玉裁注．说文解字注[M]．上海古籍出版社，1981．

[4] [晋]崔豹撰，[后唐]马缟集，[唐]苏鹗纂．古今注、中华古今注、苏氏演义[M]．商务印书馆，1956．

[5] [北魏]贾思勰．齐民要术[M]．上海：上海商务印书馆，2001．

[6] [晋]葛洪．葛洪肘后备急方[M]．人民卫生出版社，1983．

[7] [唐]韩鄂，缪启愉校释．四时纂要校释[M]．农业出版社，1981．

[8] [唐]王焘撰，[宋]林亿等校正．外台秘要方[M]．上海：上海古籍出版社，1991．

[9] [唐]孙思邈．备急千金要方[M]．人民卫生出版社，1982．

[10] [唐]孙思邈撰．朱邦贤等校注．千金翼方校注[M]．上海：上海古籍出版社，1999．

[11] [宋]周密．癸辛杂识[M]．北京：中华书局出版，1988．

[12] [宋]陈元靓．事林广记[M]．北京：中华书局出版，1999．

[13] [宋]徽宗敕编，[清]程林删定．圣济总录纂要[M]．上海：上海古籍出版社，1991．

[14] [宋]高承．事物纪原[M]．上海：商务印书馆，1937．

[15] [明]李时珍．本草纲目[M]．北京：人民卫生出版社，1975．

[16] [明]宋应星．天工开物[M]．北京：中国社会出版社，2004．

[17] [明]王三聘编．古今事物考[M]．上海：商务印书馆，1937．

[18] [清]虫天子.香艳丛书[M].北京:人民文学出版社,1990.
[19] [清]王初桐.奁史[M].据清嘉庆二年伊江阿刻本影印.
[20] [清]李渔.闲情偶寄[M].延吉:延边人民出版社.2000.二十五史[M].北京:中华书局.
[21] 胡曼云,胡曼平.清朝宫廷秘方[M].开封:河南大学出版社,2002.
[22] 邢莉.中国女性民俗文化[M].北京:中国档案出版社,1995.
[23] 李芽.中国历代妆饰[M].北京:中国纺织出版社,2004.
[24] 李芽.中国古代妆容配方[M].北京:中国中医药出版社,2008.
[25] 李之檀.中国服饰文化参考文献目录[M].北京:中国纺织出版社,2001.
[26] 周汛,高春明.中国衣冠服饰大辞典[M].上海:上海辞书出版社,1996.
[27] 周汛,高春明.中国历代妇女妆饰[M].香港:三联书店(香港)有限公司,上海:上海学林出版社,1988.
[28] 沈从文.中国古代服饰研究[M].上海:上海书店出版社,1997.
[29] 中国美术全集编辑委员会.中国美术全集·工艺美术编[M].北京:文物出版社,1997.
[30] 中国历史博物馆编著.华夏文明史图鉴[M].北京:朝华出版社,2002.
[31] 刘玉成.中国人物名画鉴赏[M].北京:九州出版社,2002.
[32] 国立故宫博物院.故宫图像选粹[M].台北:国立故宫博物院,1973.
[33] 国立故宫博物院.故宫藏画精选[M].香港:读者文摘亚洲有限公司,1981.
[34] 国立故宫博物院编辑委员会.故宫藏画大系[M].台北:国立故宫博物院,1993.
[35] 袁杰.故宫博物院藏品大系(绘画编)[M].北京:紫禁城出版社,2008.
[36] 故宫博物院藏画集编辑委员会.中国历代绘画故宫博物院藏画集[M].北京:人民美术出版社,1978.
[37] 杨新.明清肖像画[M].上海:上海科学技术出版社,2008.
[38] 天津人民美术出版社.中国历代仕女画集[M].河北教育出版社,1998.

[39] 梁京武．二十世纪怀旧系列[M]．北京：龙门书局，1999.
[40] 钟年仁．明刻历代百美图[M]．天津：天津人民美术出版社，2003.
[41] 捷人等．中国美术图典[M]．长沙：湖南美术出版社，1998.
[42] 田自秉等．中国工艺美术图典[M]．长沙：湖南美术出版社，1998.
[43] 史树青．中国艺术品收藏鉴赏百科[M]．郑州：大象出版社，2003.
[44] 海外藏中国历代名画编辑委员会．海外藏中国历代名画[M]．长沙：湖南美术出版社，1998.